ART ENCYCLOPEDIA

高高 BOOKS

青少年科学与艺术素养丛书

外国绘画

小书虫读经典工作室　编著

天地出版社
TIANDI PRESS

山东人民出版社·济南

国家一级出版社　全国百佳图书出版单位

图书在版编目（CIP）数据

外国绘画 / 小书虫读经典工作室编著. — 成都：
天地出版社；济南：山东人民出版社, 2022.6
（青少年科学与艺术素养丛书；11）
ISBN 978-7-5455-7078-6

Ⅰ.①外… Ⅱ.①小… Ⅲ.①绘画史—国外—青少年
读物 Ⅳ.①J209.1-49

中国版本图书馆CIP数据核字（2022）第072434号

WAIGUO HUIHUA

外国绘画

出 品 人　杨　政
编　著　小书虫读经典工作室
责任编辑　李红珍　李菁菁
装帧设计　高高国际
责任印制　董建臣

出版发行　天地出版社
　　　　　（成都市锦江区三色路238号　邮政编码：610023）
　　　　　（北京市方庄芳群园3区3号　邮政编码：100078）
　　　　　山东人民出版社
　　　　　（山东省济南市市中区舜耕路517号11-14层　邮政编码：250003）
网　　址　http://www.tiandiph.com
电子邮箱　tianditg@163.com
经　　销　新华文轩出版传媒股份有限公司

印　　刷　北京盛通印刷股份有限公司
版　　次　2022年6月第1版
印　　次　2022年6月第1次印刷
开　　本　700mm×1000mm　1/16
印　　张　300（全20册）
字　　数　4800千字（全20册）
定　　价　998.00元（全20册）
书　　号　ISBN 978-7-5455-7078-6

咨询电话：（028）86361282（总编室）
购书热线：（010）67693207（营销中心）

如有印装错误，请与本社联系调换。

厚植沃土——在知识与知识之间

序一

　　高品质的图书是精良的知识补给，对于基础教育至关重要。它应该是客观的、开阔的、系统性的。"青少年科学与艺术素养丛书"由小书虫读经典工作室编著，整套图书共 20 册，涉及艺术素养的有 10 册，它们内容翔实，不仅涵盖了中国和外国的绘画史、文学史等基础内容，亦包括关于中国书法史和中外音乐史、建筑史、戏剧史等别具一格的分册。

　　系统的知识构成，体现出教育认知的深度。各分册之间的内在关联，则凸显出丛书的科学性和计划性。在这套丛书中，各门类知识之间不仅环环相扣，更是相互嵌套的。知识之间的这种线性链接和复合交错的双重属性，就是知识的基础结构，它是促成人类自主认知机制的内在支撑。比如丛书中《外国美学》与《外国绘画》就是这种链接关系，美学史与绘画史之间，既是抽象和具体的关系，亦是文本和现实的对照。

　　精良的知识系统具有复合性。各知识门类之间彼此交叉、互为成全。建筑、戏剧等具有空间属性的艺术，本身便是社会现实的写照，体现了人类在自然条件下开拓和营造空间的能力。它既得益于知识之间的相互结合，又是孕育新知识的母体。建筑艺术就是这方面的典型，它一方面依赖于知识的综合性，一方面又营造了知识生产的文化生态，成为新知识培育和娩出的子宫。丛书中的分册《中外建筑》着实令我欣喜，这俨然显示出一种气象不凡的新型知识格局。

　　优质的系列丛书具备均衡性。就公民美育的目标而言，大美术是一个富于活力的概念，它为整体素质的提升创造了更为丰富的成长路径和进步空间，对处于启蒙阶段的儿童以及思维养成阶段的少年而言更是如此。美育的入道，理应多元并举、触类旁通。语言文学和视觉艺术之间存在贯通的可能性，听觉艺术和视觉艺术之间也具有内在关联。不同的感官是人类认知世界的通道和媒介，我认为所有感官的开启和闭合都是阶段性的，令我们得以交替运用不同的方式去认知世界。因此，我们需要从小关照各种感官，启发、呵护、培植它们，令它们保持开启的可能性与敏感性，以便伺机而生、临机而动。

在一个人思维模式的形成过程中，理性思维是认知基础和养成目标，但感性思维亦不可或缺。理性主宰着思维方式，感性则关乎灵气。文学、美学、艺术以及建筑领域的经典个案，皆渗透着情感的力量。每一种知识体系的形成都历经了漫长的演变过程，这就是历史。历史学习之所以重要，就在于理性观摩的积淀，以及感性思维的导向，由此，我们可以看到一种理性与感性反复交织的自生模型，并深得裨益。

苏 丹

清华大学艺术博物馆副馆长、清华大学美术学院教授

2020 年 3 月 4 日于北京·中间建筑

有艺术滋润的生活才快乐

在人类历史的漫长岁月中，艺术一直伴随着人们的生存和发展。数千年来，不同地区、不同生活生产方式下的人们，无不拥有着各自不同形式的艺术。文学、戏剧、音乐、绘画、建筑、美学等艺术形式，不仅记录了人类自身的生产实践，更表达着他们代代相传的丰富想象力及对理想信念、品德智慧的情感追求。

文化艺术活动反映人们的精神世界，是人类生活表象背后的精神轨迹，也是人类社会的内涵和价值取向。审美生活是人类生活中最高贵的形式，没有艺术滋润的生活是不快乐的。"仓廪实而知礼节，衣食足而知荣辱"是中国古人留给我们的箴言。子曰："志于道，据于德，依于仁，游于艺。"蔡元培先生认为，美育是最重要、最基础的人生观教育，"所以美足以破人我之见，去利害得失之计较，则其所以陶养性灵，使之日进于高尚者，固已足矣"。文化艺术是人类情感精神活动的结晶，是人类的最高境界和生活方式。这种超越物质生活的精神层面之自由天地，就是文化艺术存在的重要意义。

在当今中国的社会生活中，孩子们学琴、学画画儿，参加各种艺术活动已非常普遍。为了提高学生的美育水平，社会、学校都有明确的目标要求和行动落实。未来中国，文化生活将会变得越来越必需，越来越重要。引导孩子们从小了解、速览各门类艺术史，借此在潜移默化中提升气质修养、凝聚精神力量、积累学识认知可谓至关重要。

这套丛书中与艺术相关的分册内容非常丰富，包括文学、戏剧、音乐、绘画、书法、建筑、美学等各艺术门类，知识性、专业性很强，但又并不枯燥难懂。每本看似体量不大，却是对该艺术门类发展史的高度概括和简述，直观清晰。古今中外，人类文明发展过程中曾对人的精神产生过重要影响的各种艺术形式、观点、环节、人物、作品如同被卫星定位和导航般，在此一下子轮廓尽收，路径显现。

把数千年来的专业知识用通俗易懂的方式介绍给孩子们不是件容易的事。这不是一个简单的"浓缩历史"的工作，而是一项长期且艰难的系统工程。编者需要付出极大的耐心和做出大量的案头工作，必须分门别类，撷取精华，去伪存真，突出特点；同时还要各门类间互为参照补充，遥相印证，准确表达。孩子们通过阅读这套艺术简史，可以了解、掌握必要的"打底"知识，从而理解人类精神情感生活来源的方方面面及发展脉络，可开阔视野，增长见识，激发情趣，进而通过艺术理解生活，实属开卷有益。

还应该引导读者们通过阅读这套书，发现这样一个现象：每当世界有了新的技术和情感记录方式时，文学艺术的创作风格就会另辟蹊径。所谓从物质文明到精神文明的飞跃恰恰体现于此，而为什么说文化是现代社会的核心价值观和竞争力，也体现于此。

读者们通过图文并茂的阅读熟悉了历史的内涵，有了坐标之后，再去博物馆、美术馆、大剧院、音乐厅，感受、印证、共鸣一番，大量知识自然会轻松理解，终生难忘……

我离开大学 30 多年了，读了这套简史，又重温了一遍人类文明进程中的许多重要故事，收获颇丰，感慨良多。我觉得这套简史就是奉献给小读者们学习的精美甜点，如开启智慧的方便法门。不光对孩子们有帮助，同时也可供大人和孩子一起读，交流分享读书感受，老少皆宜，裨益生活。

安远远

中国美术馆副馆长

2020 年 3 月 10 日于中国美术馆

第一章 美的起点：诸神、人间与天堂

（前 800 年—15 世纪）

希腊人用诸神和英雄的身体线条之美、崇高自信的精神之美开启了人类"美"的起点，而罗马人放弃了希腊人热衷的崇高理想，转而拥抱充满烟火气息的世俗之美，为西方绘画开辟了一条"务实求真"之路。随后在长达一千年的黑暗时代——中世纪，人们不再沉湎于古希腊罗马对外在美、对现世的追求，而是不断用画笔在纸上、在教堂的玻璃上描绘他们对上帝的热爱、对天堂的向往。

第二章　文艺复兴："人"重返凡间

（14世纪—16世纪）

中世纪后期，随着因经商致富的城市中产阶级的兴起，对宗教狂热了一千年的欧洲人，重新燃起了对世俗生活的热情。他们捡起了被遗忘已久的古希腊罗马时代的人文、哲学思想，开始用理性的眼光审视信仰的意义，肯定人在现实世界的价值，从而开启了一场长达两个世纪的文艺复兴运动。

第三章 巴洛克：华丽动感的神话世界

（16世纪—18世纪）

巴洛克的原意是形状不规则的珍珠。巴洛克艺术的最大特点就是闪亮、华丽，充满律动感，极具视觉冲击力。在教会的大力支持下，巴洛克艺术在意大利、西班牙等天主教国家流行起来。而法国取代了意大利，成为欧洲绘画发展的中心。

第四章　洛可可与新古典：
从精致甜美到简约壮美
（18 世纪）

进入 18 世纪，富丽堂皇的巴洛克艺术在法国盛极而衰，国王贵族们知道自己大势已去，便更加疯狂地享受最后的奢靡浮华——洛可可风格就在这时产生了。18 世纪后期，随着启蒙运动和法国大革命的到来，人们开始厌倦了巴洛克、洛可可追求奢侈华丽的艺术风格，再次把目光投向古希腊罗马的古典艺术，找回理性，重新书写英雄史诗。

第五章　浪漫与现实：

传奇向左，平凡向右

（19世纪上半叶）

18世纪末19世纪初，随着法国大革命的爆发、波旁王朝复辟的影响，以及巴黎公社的革命运动的到来，绘画领域出现了旨在打破刻板教条的新古典主义规则、追求激情与感性的浪漫主义潮流。但当浪漫主义只满足于情绪的宣泄、感官的刺激时，倡导回归现实、反映当下民众生活的现实主义画派兴起。

第六章　印象派与后印象派：刹那芳华即永恒

（19世纪下半叶）

随着第二次工业革命席卷整个西方，中产阶级兴起了，城市化脚步加快了。享受着科学带来的巨大便利，人们有了审视自然的自信。在绘画领域，宗教以及模仿古希腊罗马的古典主义题材不再是画布上的主角，取而代之的是以莫奈、塞尚为首的印象派与后印象主义，他们用变幻莫测的光与影来描绘大自然的美丽与生活的美好，结束了西方古典绘画的传统，开启了现代绘画的进程。

第七章　现代绘画：从头到脚都是新的

（20世纪）

进入20世纪，科技鼎盛、人文蔚起，现代绘画经印象派开路之后，呈现"井喷之势"，野兽主义、立体主义、表现主义、达达主义等艺术流派，你方唱罢我登场，开启了一场轰轰烈烈的"视觉革命"。

第一章

美的起点：诸神、人间与天堂

（前 800 年—15 世纪）

　　希腊人用诸神和英雄的身体线条之美、崇高自信的精神之美开启了人类"美"的起点，而罗马人放弃了希腊人热衷的崇高理想，转而拥抱充满烟火气息的世俗之美，为西方绘画开辟了一条"务实求真"之路。随后在长达一千年的黑暗时代——中世纪，人们不再沉湎于古希腊罗马对外在美、对现世的追求，而是不断用画笔在纸上、在教堂的玻璃上描绘他们对上帝的热爱、对天堂的向往。

左：【图1】 古希腊黑绘陶瓶《阿喀琉斯与埃阿斯掷骰子》

右：【图2】 古希腊红绘陶瓶

诸神与英雄的世界

古希腊是欧洲文明的发祥地，在文学、哲学、戏剧、雕刻、绘画等方面都取得了辉煌的成就，对欧洲文明的发展产生了深远的影响。

所谓瓶画，就是在陶罐、陶瓶、陶杯、陶盘等陶制器皿上绘制装饰画。与世界上其他地区的彩陶画不同，希腊瓶画多以古希腊人信奉的诸神、崇拜的英雄、神话寓言故事和日常生活为题材，通过线、面的结合，生动再现人体之美、人物的思想感情及戏剧性的场面。瓶画技艺高超、内容丰富、风格多变，是古希腊最具有代表性的绘画形式，它与建筑、雕塑一起被誉为"古希腊艺术三巨头"。

古希腊瓶画主要存在于公元前 7 世纪到公元前 6 世纪，先后出现了三种风格：东方风格、黑绘风格和红绘风格。

东方风格的瓶画大约出现在公元前 7 世纪。在这一时期，由于受埃及和两河流域艺术的影响，古希腊人民主要在陶瓶上绘制植物和兽首人身像。公元前 6 世纪初，古希腊瓶画形成了黑绘风格。所谓黑绘，就是保持陶土的本色，只把主体人物涂成黑色，从而起到突出主体人物的效果。《阿喀琉斯与埃阿斯掷骰子》（图 1）就是黑绘风格的代表作。红绘风格（图 2）形成于公元前 6 世纪末期，它的主要特点是把除人物外的陶器表面涂上黑色，人物保持陶土的本色，再用线条来描绘人物的外部轮廓。

到了公元前 5 世纪，瓶画慢慢地衰落下去，逐渐被壁画取代。

古希腊出了很多画家，其中具有代表性的有波利格诺托斯、阿波罗多罗斯、克利提亚斯、塞克西斯、阿佩莱斯等。

波利格诺托斯是世界上第一位留下姓名的画家，被称为"希腊绘画之父"。他在当时名声显赫，社会地位也非常高，作品主要以壁画为主。他曾为雅典卫城的画廊画过赞美反侵略战争的纪念性绘画；还为德尔菲的西尼多斯人的聚会厅画过一些壁画，但遗憾的是，他的作品没有流传下来。

阿波罗多罗斯也是一位非常有名的画家。他是世界上第一位在画面上将阴暗表现出来的画家，因此被称为"阴影画家"。他的代表作有《阿杰克斯遭受雷击》《奥德修斯》等，不过这些作品全都没有流传下来。

克利提亚斯是一位以绘制瓶画而闻名的画家，弗朗索瓦陶瓶上面的彩图就是他画的。陶瓶表面共有六条横带，画家在上面画了两百多个人物，还刻有"埃戈提莫斯制，克利提亚斯画"等字样。现在这件稀世珍宝被收藏在佛罗伦萨博物馆内。

塞克西斯是一名杰出的色彩画家。他具有高超的写实技巧，曾创作过一幅作品，据说飞鸟看到上面的葡萄，误以为是真的，竟然飞过去啄食。他的作品已经体现出了浓淡色彩的变化，并善于运用想象力来表现人物的形象。

阿佩莱斯是一位以肖像画见长的画家。他出生在小亚细亚的爱奥尼亚，曾担任过亚历山大的宫廷画家。他为亚历山大、菲利普及马其顿王族画过很多肖像画，此外还画过很多神或英雄的画像。

真实就是美

公元 1 世纪，罗马将希腊吞并。从此以后，罗马便成了古代世界文化艺术的中心。古罗马时期的绘画主要包括镶嵌画和用于建筑装饰的壁画。早期的绘画具有极强的叙事性，内容主要为具体的历史事件，用来使住宅或者公共场所更加美观。不过，这种类型的绘画大多没有保留下来。

通过古罗马流传下来的那些壁画可以看出，它们大多取材于古希腊神话，题材主要为肖像、风景、动物等。

公元 79 年 8 月，维苏威火山突然爆发，庞贝等三个意大利城市全部被火山灰淹没。直到 18 世纪，考古学家才发现庞贝城，并将其挖掘出来。由于火山熔浆的覆盖，庞贝古城内的很多古罗马时期的壁画才得以保存下来。而这些壁画也为后人研究古罗马绘画提供了很多便利。

根据这些壁画可知，古罗马壁画可以分为四种风格：第一种风格为镶嵌风格，也就是在墙上用灰泥塑造建筑物的细节，之后用凹槽将墙面分割开来，再将颜料涂在上面，造成墙上镶嵌着彩色石板的效果；第二种风格为建筑风格，就是用色彩在墙面上画出建筑物的细节，再用透视法造成室内空间远远大于实际的幻觉效果，最后再把规模宏大的绘画画在墙面的中间位置；第三种风格为埃及风格，就是用颜料在墙面上绘制神话场面或者精致的静物；第四种为庞贝的巴洛克风格，就是在墙上作画，画上逼真的景物，色彩华丽，具有空间感和流动感。

【图3】　庞贝壁画

庞贝壁画（图3）是古罗马绘画的缩影，从中我们可以看出，古罗马绘画的题材十分宽泛，手法不拘一格，复杂多变。而且，我们也可以看出，古罗马时期的绘画已经超越了古希腊时期，这主要体现在以下方面：画面中的人物角度有了多种变化，肢体动作变得多样化；更注重细节的刻画，能够通过人物的五官看出他们的表情；开始尝试用光来塑造空间。

古罗马绘画的代表作品有《秘仪图》《伊苏斯之战》《阿多普兰特尼的婚礼》等。

《伊苏斯之战》是1831年在庞贝古城遗址发现的镶嵌画，所描绘的是公元前333年秋天亚历山大大帝与波斯帝国末代国王大流士三世在伊苏斯大战的历史。在此次战役中，亚历山大大帝把大流士三世打得毫无还手之力，大流士三世逃回国后，给亚历山大大帝写信，表示愿意臣服。亚历山大大帝拒绝了大流士三世的请求，派遣大军将波斯帝国吞并。画面上有一棵被击倒的大树，画家借此来告诉人们战争发生的环境。画家集中描绘了两军交战的场面，对大流士三世和波斯士兵进行重点描绘，通过他们的动作来表现战争的激烈，从而使整个画面笼罩在战争气氛之中。

《阿多普兰特尼的婚礼》是古罗马时期非常有名的一幅壁画。画面上共有十个人物，他们分成三组，中间一组是新郎和新娘，是壁画的主要人物；其他两组是婚礼主持人、乐队及仆人。新郎头戴花冠，露出一副急切的神情，看上去既形象又生动。新娘穿着白色的长衫，略带羞涩，她身边半裸的女人是伴娘，她正准备为新娘化妆。从整体来说，画面中的人物造型栩栩如生，极富立体感；半裸的女人体态丰腴，肌肤富有弹性。这部作品是根据希腊绘画作品绘制而成的，但其艺术水平丝毫不低于原画。

庞贝

在距今约 2000 年前，位于维苏威火山脚下的庞贝作为罗马人最爱的休闲旅游度假地，是古罗马帝国连通世界各地的纽带，也是当时世界上最美丽繁华的城市之一。但在公元 79 年 8 月 24 日，这座曾被著名的地理学家斯特拉波判定为死火山的"大家伙"却突然喷发了。一瞬间，这座城市至少 5000 名居民无声地消失在历史长河中。直到 1500 多年后，经过 200 多年的挖掘、清理，庞贝才重见天日，再现了火山爆发时的凄惨情景。

在纸上描绘上帝

中世纪的绘画主要有早期基督教墓室壁画、镶嵌画，以及来自蛮族艺术传统的手抄本插图。手抄本插画的内容主要以《圣经》《祈祷书》《福音书》以及历史书籍的内容为主，大概可以分为古代晚期手抄本、岛屿手抄本、加洛林手抄本、奥托手抄本、罗马式手抄本及哥特式手抄本。最初创作手抄本插画的多为基督徒，到了中世纪晚期，手抄本插画的制作走向商业化，数量也不断增多。

手抄本插画（图4）具有以下特点：使用贵重的金属、象牙或者宝石进行装饰；内页有时会有边框；每一页的第一个字母都会大写；一般都会有彩色的插图；通常都会叙述宗教故事；大量使用天然颜料，等等。

公元8世纪，法兰克国王查理曼将西欧大陆统一起来，建立起加洛林王朝。为了在文化上恢复罗马的传统，查理曼召集了一批学者在首都收集整理古籍，进行文艺创作，掀起了"加洛林文艺复兴运动"。这一运动促进了书籍插图艺术的发展，也为加洛林手抄本绘画提供了良好的发展环境。

《查理曼福音书》的插画《圣马太》是一幅非常有名的手抄本插画，充分展现出"宫廷派"绘画所具有的写实技巧。它采用写实的表现手法和严谨的构图方式，成功地塑造了人物形象。《艾伯大主教圣经》的插画《圣马太》比前者晚出现二三十年，它在前者的基础上拓展了线条的表现力，从而使线条变得更有动感。圣马太的形象被包围在像风一样的线条里，这位传道者看起

【图4】 中世纪手抄本

来不再是以前那个平静的作家，而变成了一个先知，似乎正在接受圣灵的引导。与前者相比，它的写实性偏弱，不过画面的感染力要比前者强。此外，8世纪福音书手抄本上的《圣·马可画像》同样也是一幅著名的手抄本插画。它反映出中世纪早期的绘画在人物刻画上还不成熟，同时具有强烈的民族特色。

查理曼去世后，日耳曼国王奥托一世在罗马称帝，建立起号称"神圣罗马帝国"的奥托王朝。这一时期手抄本插画在加洛林王朝的基础上有所发展，并具有自身鲜明的特征：不再是圣马太之类的单一形象，而且通过众多人物和固定的姿态来体现《圣经》里的情节，具有强烈的戏剧效果。

奥托手抄本插画著名的作品之一为《埃格伯特抄本》。它是由一幅奉献图、很多首字母、50个取材于《新约全书》的场面以及福音书作者画像等几部分组成的。奉献图所描绘的场景为：特里尔大主教埃格伯特坐在座位上，两个僧侣手捧着此本，恭恭敬敬地递给大主教。为了与正文区分开，这一抄本的场景全都加上了边框。人物的动作僵硬、姿态缺乏变化，场景中的背景也弥漫着古典气氛。

到了哥特时期，手抄本绘画广泛地被私人使用，因此书的尺寸变小了一些，除了《圣经》，寓言集、文学作品集也得到普及。当时著名的作品有《英格堡诗篇抄本》。它具有很多特点：正文与插画并不完全对应，但场面壮观，使用多种颜色，而且多用不同的颜色进行对比。

【图5】 哥特式教堂的彩色玻璃画

哥特，哥特

　　哥特式绘画是盛行于 12 世纪至 15 世纪的一种绘画形式，它最早产生于法国，后来流传到整个欧洲。

　　哥特式绘画种类比较多，主要包括彩色玻璃镶嵌画、壁画、祭坛画、圣像画、挂毯画等。

　　彩色玻璃镶嵌画是随着哥特式教堂建筑结构的变化而发展起来的，以描绘《圣经》故事为主。这种绘画形式最早出现在罗马时期，不过当时建筑物的窗户面积比较小，所以没有起到明显的装饰作用。后来，随着教堂窗户的面积不断变大，彩色玻璃镶嵌画便得以发展起来，成为哥特式艺术的一种重要形式。这种画除了具有装饰作用，还能充当不认识字的圣徒们的《圣经》。这种彩色玻璃镶嵌画的代表作品是法国布杰大教堂中的很多旧约先知肖像。这些彩色玻璃画是由数百块小玻璃组成的，而不是由一整块大玻璃组成的。小玻璃都是由特殊材料制成的，能够呈现出不同的颜色，将这些小玻璃连接起来，就形成了教堂中所展示的彩色玻璃画（图 5）。中世纪时，人们制作玻璃的水平有限，艺术家无法直接在玻璃上作画，只能把不规则的玻璃碎片镶嵌在固定的轮廓里。

　　彩色玻璃镶嵌画的代表作品有《圣母领报》《圣施洗约翰》等。沙特尔大教堂的彩色玻璃画《圣母领报》是保存最完整的彩色玻璃画之一，它描绘了圣母子、所罗门王、亚伯拉罕及圣徒的故事，增加了教堂建筑神秘的色彩。

【图6】 巴约挂毯（局部）

挂毯画也是哥特式绘画的重要组成部分，它迎合了当时贵族阶级的口味，并不断向自然化发展。如今在法国西北部美丽的小城贝叶的圣母院里收藏着一幅挂毯画——巴约挂毯（图6）。它长70米，宽0.5米，材料为亚麻布，主要描绘了11世纪诺曼底公爵威廉率领大军征服英格兰的故事。这部作品将叙事性与装饰性很好地结合在一起，是一件非常珍贵的艺术品。

总的来说，哥特式绘画是在罗马绘画和拜占庭绘画的基础上发展起来的，并从这两种绘画中汲取了养分；不过，它比这两种艺术具有更强的写实性，它所塑造的形象更加生动、更加有活力，线条更加细腻。哥特式绘画具有明显的特点，那就是：喜爱叙事，注重表现基督教的力量。一般来说，这种绘画都是优雅的、和谐的，充满了美感。在后期的哥特式绘画中，绘画大师们突破了基督教的局限，开始更多地关注普通人的喜怒哀乐。

哥特与哥特式

哥特，是英语 Gothic 的音译，原指哥特人。因为哥特人灭亡了罗马帝国，所以在文艺复兴时，人们用"哥特式"来代指一切流行于中世纪欧洲的艺术风格，意为"野蛮"。

有人认为 Gothic 源于德语 Gotik，其词源 Gott 意为"上帝"，因此"哥特式"可以理解为"形式上给人一种接近上帝的感觉"。

第二章

文艺复兴：“人”重返凡间

（14世纪—16世纪）

中世纪后期，随着因经商致富的城市中产阶级的兴起，对宗教狂热了一千年的欧洲人，重新燃起了对世俗生活的热情。他们捡起了被遗忘已久的古希腊罗马时代的人文、哲学思想，开始用理性的眼光审视信仰的意义，肯定人在现实世界的价值，从而开启了一场长达两个世纪的文艺复兴运动。

【图7】 〔意〕乔托《犹大之吻》

征服了教皇的一个圆

　　乔托是意大利文艺复兴艺术的伟大先驱者之一，同时也是佛罗伦萨画派的创始人，被誉为划破黑暗中世纪艺术星空的"第一道曙光"，被看作是新旧两个时代的桥梁、西方美术史上的"但丁"。

　　乔托出生在佛罗伦萨附近韦斯皮亚诺农村的一个贫困农民家庭里，早年曾放过羊，也曾在奇马布埃的作坊当过学徒。他放羊时经常在石头上作画，后来佛罗伦萨大画家奇马布埃发现了他在绘画方面的才华，开始指导他绘画。乔托青年时期居住在罗马，跟随罗马画派领袖彼得·卡瓦里尼学习过绘画。

　　乔托的绘画艺术是中世纪与文艺复兴的"分水岭"，他的绘画作品，除了表现优秀的绘画技巧，还奠定了文艺复兴艺术的现实主义基础。

　　壁画是乔托的主要创作形式，他的作品分布在罗马、佛罗伦萨、帕都亚、米兰、比萨、维罗纳、费拉拉等地。尽管壁画的内容大多是以《圣经》为题材的，但乔托却在创作的过程中注入了人文主义精神，把宗教人物与现实生活中的人物结合起来，使宗教故事充满现实感。不过，乔托所塑造的并非个性化的人物形象，依然是典型的宗教人物形象。

　　为了将真实的生活场面在作品中体现出来，乔托开始探索写实的技巧。经过不断的探索，他发明了直接观察自然，从而将客观现实如实表现出来的绘画实验方法，而这也正是他的作品的创新之处。他第一次按照"自然法则"将人物与人物之间、人物与背景之间的距离拉开，并运用线条透视原则建造一个三维空间。科学的透视知识在乔托生活的年代尚未普及，因此他没有掌握这些知识，不过他却用非常简单的方法，取得了对当时绘画来说具有划时代意义的成果。在乔托的作品中，第一次出现了具有体积感的圆形人体，而且每一个人体都流露出逼真的重量感。尽管乔托的写实技巧非常不成熟，但依然在欧洲绘画史上具有极其重要的意义。

乔托的画技十分高超，在历史上留下了他用一个圆就征服教皇的故事。

有一次，教皇本尼迪克特十一世想请乔托为自己画一幅肖像，但他不确定乔托是否能胜任这个工作，就要求使者当面验证一下。乔托听明来意，什么话也没说，只拿起笔，蘸上颜料在纸上画了一个圆。乔托把这张纸递给使者，让其拿去复命。使者满心疑惑地将其送到教皇手里。教皇看到这个圆，大喜过望，立刻下令接乔托来梵蒂冈。

在乔托的所有作品中，《犹大之吻》（图7）、《逃往埃及》、《哀悼基督》艺术特色最为鲜明，被认为是其代表作。

《犹大之吻》所描述的是《圣经》中犹大出卖老师耶稣的故事：希律王打算将神子耶稣杀死，便出重金悬赏，抓捕耶稣。耶稣有12个门徒，其中有一个叫犹大，他在重金的诱惑下出卖了耶稣。希律王派人去抓耶稣，那个人对犹大说，他不认识耶稣。犹大便对那个人说，他会向一个人走去，并与那个人接吻，那个人就是耶稣。因此，犹大的吻是出卖自己老师的信号，是邪恶的吻。

在这部作品中，乔托运用戏剧性的手法，将作品的主要人物放置在画面中央，将其余人物对称安排在主要人物的两旁。位于画面中心的犹大穿着明亮醒目的黄色斗篷，在众多人物中显得极为突出。犹大抬起手臂，准备搂抱耶稣的动作，使斗篷形成一个扇形，上面布满褶皱，且褶皱越向上越密集，这就会将人们的视线引到犹大的头部。犹大做乞求状，而耶稣的目光是尖锐的、冷静的，同时也夹杂着愤怒，他们两个人的表情形成了鲜明的对比，从而将人类社会的邪恶与正义、黑暗与光明、罪恶与善良赤裸裸地展现出来。

当然，如果单独观看乔托的这幅作品，我们也许对他的创新无从理解，甚至会觉得这幅作品的人物造型和衣服都刻画得非常呆板，特别是画面背景中的树木，更是与现实存在着过大的差距。由此可以看出，乔托的绘画依然保留着拜占庭艺术的某些特点，他的作品所展现出来的缺点，也正是中世纪艺术向文艺复兴艺术过渡过程中所留下的印记。

蛋 彩 画

在乔托所生活的文艺复兴时期，油画还没有出现，当时的画家主要创作的是蛋彩画。

蛋彩画，是指用蛋黄或蛋清调和颜料绘制在干燥的石膏上的画。这种画法最早被古埃及人用于墓室壁画，后来由罗马人传到整个欧洲。将蛋彩运用在壁画上称为湿壁画。湿壁画色彩鲜艳，不易脱落、龟裂。

【图8】 ［意］波提切利《维纳斯的诞生》

诞生与春天

桑德罗·波提切利拉开了文艺复兴全盛时代的序幕，在15世纪的佛罗伦萨艺术中占据着特殊的地位。他早年曾跟随菲利普·利皮学习绘画，注重线条的造型，喜欢使用鲜艳的色彩，强调优雅的节奏是其绘画的主要特点。他的作品大多从文学作品中的古代神话传说中取材，突破了宗教题材的约束，从而能够更加自由地将个人的情感抒发出来。

波提切利最有名的作品当属《春》与《维纳斯的诞生》（图8）。这两幅作品洋溢着人文主义的乐观精神，同时充满了诗意，表达了作者对美好事物的热爱之情。

《春》也被称为《维纳斯的盛世》，取材于诗人波利齐亚诺歌颂爱神维纳斯的长篇诗歌。画面中共有九个古罗马神话中的人物，他们被画成跳舞的样子，而他们的身后则是一片褐色的小树林，每一棵树上都长满了金黄色的果实，地上长满了花草，显示出勃勃生机。作者运用平面的装饰技巧，将九个不同的人物从左到右一字排开，没有穿插和重复，并且为人物安排了不同的动作。中间的人物是爱神维纳斯；维纳斯的左边是三美神，她们的形态和衣服上的褶皱线条体现出一种强烈的节奏感；她们的左边是众神的使者墨丘利，他正在挥舞着权杖，驱赶冬天的寒意；位于维纳斯右侧的分别是花神、春神与风神，花神费罗拉头上戴着花冠，穿着鲜艳的衣服，正在将装在衣襟里的花瓣撒向大地，大地女神克罗丽斯正在回头望着翩翩飞来的西风之神，她们象征着春暖花开的季节即将来临。鲜艳的花朵从克罗丽斯的嘴里溢出，落在花神费罗拉的身上，象征着春天已经到来，到处都是一派生机勃勃的景象。在维纳斯头顶上飞翔的是小爱神丘比特，他的双眼被蒙了起来，正拉开爱神之箭，准备射向左侧的几个人，被他的箭射中的人便会产生疯狂的爱情。

这是一幅动作有高潮起伏的作品，画中人物的动作是和谐而统一的，这正反映出波提切利对美好生活的向往。不过，这部作品的空间深度和人物造型的体积感略显不足，而且画面的基调略显悲伤。

《维纳斯的诞生》是波提切利的另一幅代表作，它是从波利齐亚诺的长诗《吉奥斯特纳》中受到启发而创作的。这部作品呈现出这样一个画面：在平静的海面上，纯洁而优雅的女神维纳斯从一个大贝壳中诞生，两个春风之神张着翅膀飞到她的身边，为她带来了鲜花；穿着花衣的天后赫拉从另外一边飞来，为她送上紫红色的斗篷。维纳斯神态自若，略显羞涩，富于美的感染力。

这部作品虽然在空间透视方面有所欠缺，但由于画家运用带有动感的线条来塑造形体的体积感，所以并不会让人产生"平板"的印象。

"丽莎女士"的微笑

　　到了 16 世纪初，文艺复兴运动进入鼎盛时期，绘画艺术呈现出前所未有的繁荣景象，涌现出达·芬奇、米开朗琪罗和拉斐尔这三位艺术大师，他们的艺术活动与成就标志着文艺复兴时期绘画发展达到了顶峰，他们也因此被称为文艺复兴盛期的"三杰"。

　　莱昂纳多·达·芬奇是文艺复兴时期有名的艺术家、科学家、哲学家、音乐家、工程师、诗人，他是人类历史上著名的奇才，其研究领域非常广泛，包括地质学、数学、水利学、医学、军事、机械、天文、地理等。不过，他最大的成就还是在绘画方面。

　　达·芬奇于 1452 年出生在佛罗伦萨郊区的芬奇小镇，他的父亲安东尼奥是律师兼公证人，母亲是一个普通的农家妇女。他的天赋极好，5 岁时就能凭印象将母亲的肖像画出来。安东尼奥发现了达·芬奇在绘画方面的才华，便在他 14 岁那年将他送到佛罗伦萨，让他跟随画家韦罗基奥学习绘画。

　　学习期间，达·芬奇开始对灯光下鸡蛋的明暗变化关系进行研究，并且发现了明暗渐进的画法。他跟随韦罗基奥学习了 6 年，之后，他的绘画技巧明显地超过了他的老师。《基督受洗》这幅作品便能证明这一点。

　　一次，韦罗基奥接受圣萨尔宾诺教堂的委托绘制《基督受洗》，他已经画好了人物，只剩下背景没有画。教堂催促他很多次，让他务必在复活节之前画好。当时距离复活节只剩下一周时间了，可韦罗基奥却感冒了，高烧不

【图9】　［意］达·芬奇《蒙娜丽莎的微笑》

退。眼看交画的最后期限就要到了，韦罗基奥无奈之下只好让达·芬奇来画背景。达·芬奇仔细观察老师的画作，揣测老师的创作意图，按照老师的绘画风格完成了《基督受洗》的背景绘画。韦罗基奥看到达·芬奇的作品时，顿时惊呆了。原来，韦罗基奥以达·芬奇为模特所画的天使形象被人刮掉了，达·芬奇发现后，为了维护老师的声誉，便决定自己动手补画这个天使。他找出老师的原稿，看着镜子里的自己，将天使重新画好。韦罗基奥看到画作时，激动得大叫道："这实在太完美了！我都画不了这么好。"从此以后，达·芬奇便成了佛罗伦萨知名的画家。

1482年，30岁的达·芬奇离开佛罗伦萨，来到米兰。在此后的17年里，他一直为米兰大公服务，进行绘画和其他科学活动，他的一些重要作品，例如《岩间圣母》《最后的晚餐》，都是在此期间完成的。他还通过对大自然的观察研究，创造了绘画上的"空气远近法"，也就是：物体越远，也就越容易被淡蓝色的雾气吞没。他对光线和颜色进行观察，发现阴影中是有色彩的，并且提出了由于物体的相互反射，物体原来的颜色无法完全显现出来。

1499年，由于米兰受到战争威胁，达·芬奇离开米兰，回到了佛罗伦萨，后来又去了罗马。1517年，他移居法国，两年后在法国去世。

虽然在人生的最后20年，达·芬奇把更多的精力投入到科学研究方面，但也创作了一些绘画作品，如1503年受佛罗伦萨市的委托绘制的壁画《安加利之战》，以及在绘画史上享有盛名的肖像画《蒙娜丽莎的微笑》（图9）。

画面中的少妇蒙娜丽莎穿着一身黑色的衣服，从她那望向画外的双眼和微微翘起的嘴角处，流露出一丝让人难以捉摸的微笑，也就是世人所说的"神秘的微笑"。她的身后是起伏的远山、平静的湖泊与曲折的小路。蒙娜丽莎正注视着前方，眼神平静而专注，她的脸饱满而圆润，两片嘴唇微微抿在一起，她的右手轻轻地搭在左手上面，比现代精妙的摄影更具体积感。值得注意的是，达·芬奇并没有给她画上眉毛，这是因为按照当时的审美观念，眉毛会使眼睛看起来不够清澈、透亮。

达·芬奇就是以这样一个年轻女性神秘的微笑把文艺复兴所崇尚的人文主义精神推向了顶峰。

虽然《蒙娜丽莎的微笑》在西方艺术史上的地位很高,但直到 20 世纪初,在名画云集的卢浮宫,它也仅仅被看作是众多文艺复兴画作之一,普通民众对其知之甚少。但 1910 年它却离奇失踪了,1913 年才又被寻回。也算"因祸得福",《蒙娜丽莎的微笑》从此一跃成为卢浮宫的镇馆之宝。

谁偷走了"丽莎女士"

《蒙娜丽莎的微笑》失而复得的经历,真可谓惊心动魄。第一个发现它失窃的,是一位叫路易·贝鲁的临摹画师。卢浮宫的工作人员在接到贝鲁的询问后,在专门拍摄卢浮宫藏品的摄影师那里也没有找到,这才发现"丽莎女士"失踪了!

在警察散发的印有《蒙娜丽莎的微笑》的传单的帮助下,法国人不仅知道了这幅画的名字,还知道了"丽莎女士"的样子。很快,全世界人民也从各自国家的报纸上了解了这件失窃案。

在寻找"丽莎女士"的过程中,很多人都被作为怀疑对象遭到调查,其中名气最大的嫌疑犯是大画家毕加索,他甚至还上了法庭来证明自己的清白。

"丽莎女士"失踪两年后,真凶浮出水面,他就是最早被怀疑的为卢浮宫的名画换画框的意大利工匠文森佐·佩鲁贾。他之所以偷这幅画,是因为他觉得"丽莎女士"是意大利人的,而法国人却抢走了她!但他不知道的是:这幅画是达·芬奇到法国做宫廷画师时送给国王弗朗索瓦一世的礼物,并不是从意大利抢来的。

最接近神的男人

米开朗琪罗·博纳罗蒂是意大利文艺复兴时期伟大的画家、雕刻家、建筑家和诗人。他生于 1475 年，死于 1564 年。在长达 70 多年的创作生涯中，他创作了大量优秀的作品，为人类的文明做出了卓越的贡献。

米开朗琪罗出生于佛罗伦萨附近的小城卡普里斯。在他 6 岁那年，他的母亲去世了，他的父亲请了一个石匠的女儿当他的奶妈。他后来喜欢雕刻，与这位奶妈有密切关系。13 岁那年，他前往基兰达约的画室学习绘画，第二年又去了一所美术学校学习雕刻。1492 年，他结束了在美术学校的学习，4 年后，他去了向往已久的罗马，在那里接触到了很多古代大师的作品，绘画水平得到显著提高。

米开朗琪罗虽然像达·芬奇那样多才多艺，但在绘画方面，他们仍然存在着很多不同之处：达·芬奇崇尚柔和，尽力营造一种柔和的艺术氛围，而米开朗琪罗崇尚的是雄壮的气势，他曾说过，"在我看来，从比例和整体关系上来看，如果绘画接近浮雕效果，那么绘画便是完美的；而如果浮雕接近绘画效果，那么浮雕便是失败的"。

1508 年至 1512 年，米开朗琪罗受教皇朱诺二世的邀请，在西斯廷礼拜堂创作了近六百平方米的天顶壁画《创世记》，这部作品向人们充分地展示了他的艺术特点。它将《圣经·创世记》故事的全过程如实地再现出来，描绘了《圣经》中数百位先知的形象，将英雄的心理用造型艺术体现出来。壁画

【图10】 ［意］米开朗琪罗《创世记》（局部）

【图 11】　［意］米开朗琪罗《最后的审判》

整体构图非常宏伟，对于人体的描绘是雄壮有力的，这在绘画史上是前所未有的，其他艺术家的作品与他的相比，都显得黯然失色了。

《创世记》共包括九幅宗教画，这些画有大有小，分九个不同的场景，名称分别为：《神分光暗》《创造日月草木》《神分水陆》《创造亚当》《创造夏娃》《诱惑与逐出乐园》《诺亚献祭》《洪水》《诺亚醉酒》；这九个部分可以分成三组：第一组所表现的是上帝因为寂寞分出了光明与黑暗，创造了太阳和月亮，也分出了海洋与陆地；第二组所表现的是上帝创造了亚当和夏娃，但由于他们在蛇的引诱下偷吃禁果，上帝将他们赶出了伊甸园；第三组描绘的是当水灾来临时人类的种种表现。

在这组作品中，最著名的当属《创造亚当》（图10）。画中的亚当赤身裸体，慵懒地卧在山坡上。他身体强壮，肌肉非常明显，并且散发着光泽，充分地体现了年轻人的力量。他伸出左手，迎接上帝的到来，眼神中带着一丝伤感。上帝飞到亚当面前，用温柔中夹杂着哀伤的眼神注视着他的"创造物"。这种圣人的悲哀与普通人的悲伤形成强烈的对比，产生一种震撼人心的力量。

祭坛画《最后的审判》（图11）是米开朗琪罗晚年花费6年时间绘制而成的，它既是画家对人生的总结，也是对他所处的历史所作的"最终审判"。这幅画的构图与画家所要表现的主旨是和谐统一的，构图强调的是一种自然的安排，而不强调秩序与结构。这部作品之所以成功，主要在于画家对人与人相互关系的安排，使人物以统一的集体形象出现，而色彩的巧妙使用，又使得作品充满了戏剧性的冲突。

米开朗琪罗是一个热爱人体美的画家，同时也是一个虔诚的基督徒，对上帝充满了敬畏之情。内心中神与人的交战让他非常痛苦，因此他作品中的形象总是能够体现出他的这种痛苦。米开朗琪罗的作品超越了早期文艺复兴的艺术风格，将自己"英雄式的苦难"展现出来，用独特的艺术语言告诉人们新的艺术风貌即将到来。

诗人米开朗琪罗

　　米开朗琪罗和达·芬奇一样，是个多才多艺的天才，他不仅是雕塑家、画家，也是一个非常热爱写诗的诗人。他一生创作了大量诗歌，这些诗通常都被他写在解剖草稿的背面、素描的留白处，甚至是给友人的信件里。米开朗琪罗生前从未公开过这些诗，直到他去世半个多世纪后，才由其侄孙小米开朗琪罗结集出版。

　　米开朗琪罗非常喜欢黑夜，他甚至常在黑夜中工作，所以他写的与黑夜有关的诗都异常动人。比如这首《夜间的话》：

睡眠固然又香又甜，
但在破坏与屈辱统治的时刻，
我宁愿睡得像一块岩石。
视而不见，麻木不仁，
对我是很大的收益。
可别唤醒我，哎！
说话要轻声些！

世界上最孤独的画

圣乔奥·拉斐尔是文艺复兴盛期"三杰"之一，也是"三杰"中最年轻的一位。他出生于意大利的乌尔比诺，他的父亲是乌尔比诺的御用画家，同时也是一个诗人。在家庭环境的影响下，拉斐尔从小就对绘画产生了浓厚的兴趣。他早年跟随父亲学习绘画，后来又拜翁布里亚画家彼鲁基诺和平托里乔为师。他的学习能力很强，能够博采众家之长。

1504 年，在彼鲁基诺的引导下，拉斐尔去了佛罗伦萨，并在那里生活了4 年。在这段时间里，他欣赏了很多名家的作品，将"宗教情怀"与"古典浪漫"结合起来，不断追求和谐、优雅。

1508 年，拉斐尔接受建筑家布拉曼特的邀请，前往罗马。他的很多名作都是在罗马完成的，其中包括《雅典学院》《西斯廷圣母》《圣礼的辩论》《巴尔纳斯山》等。这些优秀的作品为拉斐尔赢得了声誉，奠定了他在罗马艺术界的地位。

1514 年，拉斐尔接受新教皇利奥十世的委派，担任绘画管理工作，同时还要绘制大量画作。在此后的几年里，他一直辛勤地工作，由于过度劳累而积劳成疾，于 1520 年 4 月 6 日永久地离开了人世。那时他只有 37 岁。

尽管拉斐尔的一生非常短暂，但是他创作了三百多幅作品，其中很多作品在绘画史上占有一席之地，比如他所画的很多圣母像。在拉斐尔的众多圣母画像中，《西斯廷圣母》（图 12）是最为突出的一幅。

【图12】 ［意］拉斐尔《西斯廷圣母》

　　拉斐尔在此前创作圣母形象时，总会赋予她们母亲与情人的气质，让她们看起来充满了幸福与满足感，而《西斯廷圣母》则塑造了一个超越普通母亲的救世主的形象——为了拯救这个世界，她打算牺牲掉自己的孩子。在这部作品中，圣母站在云端，怀里抱着自己的孩子基督，画面就像一个舞台，当帷幕拉开时，圣母的形象就缓缓出现在人们面前。画家用和蔼可亲的母亲形象代替中世纪以来那种偶像化的圣母，让人备感亲切。圣母的脸上洋溢着母爱，由于要把自己心爱的儿子献给人世，所以她身上流露出一种伟大的牺牲精神。作为整幅作品的中心，圣母身上那简朴的衣裙，她那赤裸的双脚，以及那坚定而又忧伤的目光，非常具有感染力。站在圣母左边的是教皇西斯廷二世，他是人间权力的代表，穿着华丽的衣服，虔诚地恭迎圣母降临人间；圣母右边的那个妇人是瓦尔瓦拉，她是平民百姓的代表，前来迎接圣母。她正用仁慈的目光望着下面两个小天使，仿佛正在与他们进行思想交流。整个画面情节生动，人物形象栩栩如生，高度赞扬了为正义事业牺牲一切的崇高品质。

　　这幅画本来是拉斐尔为西斯廷教堂画的，但作为世界十大名画之一的它，现在收藏于位于德国德累斯顿的茨温格博物馆。馆方认为它如此美好，以至于世界上没有任何一幅画配和它放在一起展览，因此还专门为它配备了单独的展览室，真可谓"世界上最孤独的画"！

　　除了圣母画，拉斐尔的壁画同样也取得了相当高的成就。通过想象的手法将古希腊先哲们的思想如实反映出来的作品《雅典学院》（图13）就是一幅非常优秀的壁画作品。在这部作品中，画家通过浪漫的想象，把他所敬仰的不同时期的学者们放在了同一幅画里。柏拉图和亚里士多德这两位哲学家站在台阶高处的中央部分，他们代表的是两种不同的哲学观点。柏拉图伸出右手，指向天空，这表明他那理想主义的世界观；而亚里士多德用手指向人间，代表他是一位现实主义哲学家。站在他们两边的人也都是非常重要的历史人物，根据学术倾向的不同，这些人被安排在两位主要人物的两边。下一层人物同样分为两组，左边一组中，蹲在地上奋笔疾书的是古希腊著名的哲学家毕达哥拉斯，据说拉斐尔是以达·芬奇的样子来塑造这位哲学家的；左

毕达哥拉斯

赫拉克利特

柏拉图与亚里士多德

阿基米德

托勒密

拉斐尔与索多玛

【图13】　［意］拉斐尔《雅典学院》

手支着头、右手写字的是古希腊著名哲学家赫拉克利特，他是拉斐尔以年轻时的米开朗琪罗为原型创作的；右边一组中，手里举着天体模型的是著名天文学家托勒密，他正在向其他几个人讲解天体知识；托勒密身边的是古希腊著名的科学家阿基米德，他正在弯腰与四个年轻人演算几何题。除了上述知名学者，拉斐尔还把自己与同行索多马也画了上去，他们就位于画面前方最右边。整幅画有数十个人物，场面非常宏大，但是画家凭借理性的思想和富有逻辑的构图，使整个画面看起来清晰有序，从而将抽象、深奥的主题呈现出来。

　　拉斐尔的绘画艺术体现了深邃的人文主义思想，他的作品形象生动、线条流畅、富有韵律，极具美感。不过，他在艺术上的局限性也十分明显，由于缺乏战斗精神以及对时代精神的概括，他的艺术带有一种贵族化的倾向。

【图14】 ［意］乔尔乔涅《两人肖像》（前为乔尔乔涅，后为提香）

画布上的"穿越剧"

乔尔乔涅是威尼斯画派中一位非常重要的绘画大师，也是美术史上最富神秘色彩的画家之一。正是在他的努力下，威尼斯画派才得以发展到全盛时期。

乔尔乔涅出生在威尼斯附近的卡斯特弗兰柯小镇的一个农民家庭，由于家庭贫困，他并没有接受过多少正规的教育。不过，他才华出众，兴趣广泛，琴棋书画样样精通。14 岁那年，他跟随威尼斯画派著名画家乔凡尼·贝利尼学习绘画，后来与同学提香一起为别人作画，维持生计（图 14）。随着影响力不断增大，他已经成为威尼斯画派的主要代表画家之一，曾先后受邀为威尼斯总督府和该城的德国商人协会作画。1510 年，他因为感染瘟疫去世，年仅 33 岁。

尽管英年早逝，乔尔乔涅以非凡的才能开创了调和光线与色彩的独特风格，尤其是气氛的烘托和色彩的运用这两种绘画技法，经过提香等人的传播，最终成为威尼斯画派最重要的特色，深深地影响了无数后世画家。

乔尔乔涅的代表作品有《暴风雨》《田园合奏》《沉睡的维纳斯》等。

《暴风雨》（图 15）描绘了一位怀抱婴儿的裸体女子，这个女子与婴儿恰似宗教画中经常出现的圣母与圣婴，但左边的画面里却闯入了一名身穿文艺复兴时期服装的男子。整个画面恰似在上演一部"穿越剧"，营造了一种现实与神话交叠的超现实效果。

这幅画所要表达的主题一直都是一个谜。也许对于画家来说，这根本不

【图 15】 ［意］乔尔乔涅《暴风雨》

是他所关心的问题。作品中虽然有几个人物，但人物背后广阔而复杂的风景才是画家真正想要表现的东西。他要把空气、云彩、大地、树木、闪电等自然界的景物，与人物、桥梁、建筑连成一个整体。对于绘画艺术来说，这是一次非常大胆的创新，此后，西方绘画就不再是把颜色敷到素描轮廓上，色彩成了重要的表达方式，具有了强大的力量，不同的色彩结合在一起，产生出独特的魅力。

《田园合奏》是一幅赞美大自然和幸福人生的作品。在这幅画里，乔尔乔涅使用了与《暴风雨》相同的"穿越手法"：两个穿着文艺复兴时期服装的乐师坐在柔软的草地上演奏乐曲，两个赤身裸体的女神在画的两侧，一个在井边打水，一个正在吹笛子。他们身后是茂密的树木和远处的房屋。画家大胆地把盛装的男人与赤裸的女神画在一起，深刻地反映出在市民们的头脑中，崇尚自由、挣脱礼教束缚的意识正在慢慢觉醒。

《沉睡的维纳斯》是乔尔乔涅最著名的人物画，它开创了裸体仰卧的女神像——这个在西方绘画中非常重要的题材。在这部作品中，画家让赤裸的维纳斯女神仰卧在地上，在她身后则是一派优美的田园风光。维纳斯体态丰腴，右手垫在脑后，左腿搭在右腿上；她的双眼微闭，表情非常平静，似乎正在熟睡。无论从肉体上，还是从精神上，维纳斯都体现了人间女子的美，这种具有人性的神的形象，充分反映了威尼斯文艺复兴初期资产阶级反封建过渡时代的精神。此外，画中优美恬静的自然景色，与熟睡中的女神安逸的神情非常和谐，从而使得这部作品将自然景色之美与人体美、世俗精神美完美地统一起来。整个画面笼罩在一种淡淡的金黄色的色调里，在落日余晖的照耀下，女神的身体散发出迷人的光泽，显示出青春和生命的活力。画家还将黄色、蓝色、绿色、深红色等几种颜色交织在一起，既突出了人体，又丰富了画面的色彩。

乔尔乔涅是第一个严格意义上的威尼斯画派的画家，他的绘画技巧非常高超，同时又极富想象力，他的作品极具感染力，在高度抒情的同时又受高度的理性精神统治。他在作品中将人物、自然与优美的意境融合在一起，开创了色彩绘画的先河。

维纳斯，当女神落入人间

　　提香·韦切利奥是威尼斯画派著名的画家之一，他在艺术上的成就与达·芬奇、米开朗琪罗和拉斐尔不相上下。

　　提香出生在意大利北部风光优美的小镇卡多莱，从小接受过良好的教育，后来与乔尔乔涅一起在威尼斯乔凡尼·贝利尼的工作室学习绘画。在学习期间，乔尔乔涅对色彩超乎寻常的敏感及表现力，以及熟练的绘画技巧让提香非常崇拜，提香便开始模仿他的绘画风格，以至于可以"以假乱真"。乔尔乔涅英年早逝后，提香便走上了独立的艺术发展道路。从绘画的成就来说，提香要高于乔尔尔内，但从他的作品中可以看出，乔尔乔涅的艺术风格对他产生了巨大的影响。

　　提香的艺术生涯十分漫长，几乎贯穿了整个 16 世纪。他是一位色彩大师，能够运用有限的颜色创造出让人意想不到的效果。他是第一个把世界所存在的美——包括人体美、风景美甚至纺织品的美，用绘画表现出来的画家。他也画以宗教为题材的画，虽然那只不过是为他提供施展安排色彩与组合形体这种技术的机会罢了。

　　提香的作品想象力极强，色彩强烈，洋溢着热情、奔放的气氛。他笔下的人物形象通常显得非常粗犷，充满了生命力。在他早期的作品中，人们常常能看到乔尔乔涅画作中恬静的情调及优美的田园风光的影子。但到了 1516 年左右，提香形成了自己的绘画风格，开始进一步追求颜色与明暗的交织。

【图 16】 ［意］提香《劫掠欧罗巴》

《乌比诺的维纳斯》便是这种追求的反映。

　　这幅作品描绘了一位处于日常生活环境中的美丽的裸体女性，她虽然也叫维纳斯，却与女神维纳斯毫不相关。她躺卧在床上，背景是一间贵族的居室。从她的神态以及身后抱着衣服的侍女可以判断出，她是这里的女主人。她似乎刚刚洗完澡，正躺在床上休息，她的床边还有一条小狗正在酣睡。这幅画体现出了家庭情趣，能够让观众感到非常亲切，不过也流露出浓重的迎合上层阶级的倾向。如果说乔尔乔涅的《沉睡的维纳斯》所描绘的是具有神性的普通女性形象，那么这幅画中的维纳斯则彻底脱离了神性，变成一个纯粹的世俗中的女人。画家用这样一个形象来反对封建的禁欲主义，迎合文艺复兴所倡导的人文主义精神。

16世纪中叶，提香迎来了创作最旺盛的时期。在这个时期，他创作了《劫掠欧罗巴》（图16）等作品。16世纪50年代至70年代是提香创作的晚期，这个时期他创作了《荷十字架》《哀悼基督》《圣塞巴斯蒂昂》《抹大拉的马利亚》（又名《忏悔的玛格达林》）等作品。

《抹大拉的马利亚》取材于《圣经》，但是画家通过自己的方式，使这一传统的宗教题材有了新的含义。玛格达林本来是一个妓女，耶稣拯救了她，并赦免了她过去的罪恶，她因此皈依了基督教，成为一名圣女。在画面中，玛格达林的衣服破了，她的左手提着衣服，右手按在起状的胸膛上。这个形象看起来像一个看破红尘、笃信宗教的教徒，更像一个因为感情受到挫折而郁郁寡欢的少妇。新的形象更具世俗性，反映了画家崇尚自由、反对禁欲主义的思想。

1576年，威尼斯暴发了大规模的瘟疫，这位天才画家在瘟疫中去世。

维纳斯

在西方绘画史上，要说"出镜"最多的女性，那便是女神维纳斯了。在古希腊神话中，维纳斯是爱与美之神。维纳斯拥有白瓷般的肌肤，以及古希腊女性最完美的身材和相貌，在西方世界，她就是完美女性的最佳典范，各个时期的画家总能被她美丽的容颜与身体激发出无限的创作灵感。

在画家的笔下，维纳斯通常是赤身裸体的，这是因为在西方古典绘画中有这样一个传统——没有穿衣服的女子代表神，而人间的女性则穿衣服。

两个凡·艾克和三个勃鲁盖尔

凡·艾克

尼德兰在中世纪时是一个独立的国家,包括现在的荷兰、比利时、卢森堡以及法国东北部一些地区。由于水陆交通便利、商业繁荣、手工业发达,文艺复兴时期尼德兰在绘画方面取得了令人瞩目的成就。

尼德兰的绘画是在中世纪哥特式艺术的基础上产生的。15世纪时,尼德兰的画家创作了大量的祭坛画与独幅木版画。这些作品具有浓重的宗教气息,显得庄重严肃,但人物形象不够生动。

扬·凡·艾克被认为是尼德兰文艺复兴美术的奠基者,他和他的哥哥胡伯特·凡·艾克也被认为是油画的发明者。扬·凡·艾克出生在荷兰的马塞克城,在海牙做过宫廷画家,后来移居到佛兰德斯,由于才华出众受到勃艮第公爵的赏识,担任公爵的宫廷画家。

1425年,扬·凡·艾克创作了《教堂中的圣母》。这幅画将亲切的圣母形象呈现给人们,体现出了画家的世俗思想及在描绘室内光线方面的探索,是尼德兰早期室内画的重要代表作。

后来,扬·凡·艾克又与他的哥哥胡伯特·凡·艾克一起创作了划时代的巨作《根特祭坛画》(图17)。它标志着尼德兰人文主义艺术的诞生,并奠

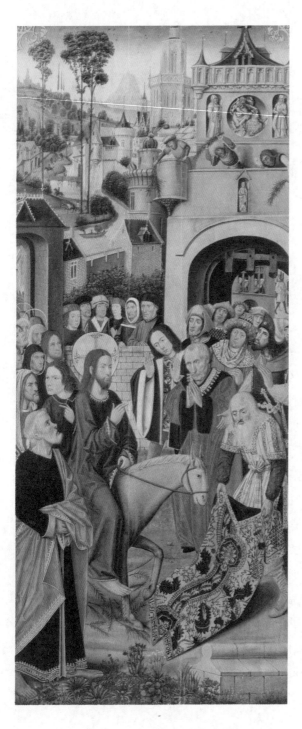

【图17】 ［荷］凡·艾克兄弟
《根特祭坛画》（局部）

定了尼德兰文艺复兴艺术的基础。

祭坛画就是在木板上作画，之后将木板放在教堂圣坛前供人们观赏的绘画作品。《根特祭坛画》是画家为根特市圣贝文大教堂所画的一组祭坛画，是一种多翼式"开闭型"的祭坛组画。整个祭坛画由 23 个画面组成，分为内外两侧，平时两翼闭合，只能看到外侧的画，盛大的节日到来时，两翼打开，呈现出内侧的画面。内侧中间共有四个画面，其中上层中间的是上帝，位于上帝两侧的是圣母马利亚和施洗者圣约翰，下层则是祭坛画的主体部分《羔羊崇拜》，它的左侧是《骑士》和《裁判官》，右侧是《隐者》和《巡礼者》。

《根特祭坛画》虽然是宗教题材的绘画作品，但画家以对现实世界的肯定态度，对人物和花草等景物进行细致的描绘，从而使这部作品充满了现实感，表达了画家对人类与大自然的赞美。另外，它是世界上第一幅真正的油画作品，由于在绘画技法上的革新，数百年之后画面依然清晰如故。

除了宗教题材的绘画，扬·凡·艾克还创作了大量的肖像画，堪称近代肖像画的先驱。《阿尔诺芬尼夫妇像》（图 18）是他肖像画的代表作。它既是一幅肖像画，也可以看作一幅风俗画。画中的人物阿尔诺芬尼于 1420 年被菲利普公爵封为骑士，他和他的新婚妻子正在洞房里迎接贵客。画家精心地刻画了典型的资产者形象，将他们对婚姻的忠诚及当时市民阶层的道德观念表现了出来。画面中的人物动作及道具都有特殊的意义：阿尔诺芬尼举起的右手象征着他对爱情矢志不渝，伸出的左手托着妻子的手，象征着他要与妻子共度一生，不会将妻子抛弃；新娘把右手放在丈夫的手上，表示她与丈夫不离不弃；位于画面上方吊灯上燃烧着的那支蜡烛，则代表通向天堂的光明；画面下方的小狗意味着忠诚，拖鞋则是结婚的象征；新娘子身上的绿衣服象征着生育，头上白色的头巾代表贞洁；墙上的圆镜代表天堂，念珠则代表虔诚；窗台上的苹果代表平安。画面中还有一个值得注意的细节：从墙上那面小圆镜子里，除了能看到新婚夫妇的背影，还能够看到画家本人。而用镜子来使画面的内容更加丰富多彩，使画面容纳更多的景物，正是这幅画的过人之处。

【图18】 〔荷〕扬·凡·艾克《阿尔诺芬尼夫妇像》

扬·凡·艾克的绘画作品既反映了世俗人们的生活，也呈现出了丰富多彩的景象，体现文艺复兴所倡导的人文主义思想，为尼德兰的文艺复兴开辟了道路。

勃鲁盖尔

彼得·勃鲁盖尔是尼德兰文艺复兴后期最重要的一位画家，同时也是一个风格独特的画家。他继承了希罗尼穆斯·博斯的艺术风格，因此被称作"新博斯"；彼得·勃鲁盖尔还是欧洲绘画史上第一位"农民画家"，创作的尼德兰风俗画是欧洲绘画史上的瑰宝。由于他的两个儿子也是画家，因此绘画史上称他为老彼得·勃鲁盖尔或老勃鲁盖尔。

老彼得·勃鲁盖尔出生于布雷达附近的一个农民家庭里，年轻时在安特卫普跟随画家彼得·库克学习绘画。他不像其他的尼德兰画家那样崇尚15世纪大师笔下的美丽风景，而是将注意力放在尼德兰的农村，喜欢描绘农村朴实的自然风景。他非常了解农民的生活，据记载，他经常穿着农民的服装，到农民家里做客，有时还会参加农民的婚礼。在他看来，自然界是人类生活的场所，如果风景画离开了人，就变得毫无意义。因此，他把农民的生活内容放进风景画中，刻画农民豪爽的性格，展现农民的活力。

16世纪60年代，尼德兰爆发了资产阶级革命，这场革命持续了几十年，直到17世纪初荷兰独立才结束。在革命期间，尼德兰人民与西班牙统治者进行了艰苦卓绝的斗争。老彼得·勃鲁盖尔作为一位现实主义艺术家，与人民一起战斗，创作了很多歌颂革命、揭露西班牙统治者暴行的作品。

老彼得·勃鲁盖尔一生创作了大量作品。他的创作生涯以1562年为分界线，在此之前由于为一个版画店提供版画画稿，那一阶段他的作品大多为版画；此后，他开始专心绘画，创作出《冬猎》（图19）、《牧归》、《收割》、《收干草》等风景作品，以及《农民之舞》、《农民的婚礼》（图20）等反映农民生

【图19】 ［荷］老彼得·勃鲁盖尔《冬猎》

【图20】 ［荷］老彼得·勃鲁盖尔《农民的婚礼》

活的作品。

《冬猎》是一幅表现人与大自然斗争的作品，也是一幅有人物活动的风景画。画家采用全景的方式，通过猎人的视角俯瞰全景。画面是以地平线和山坡为对角线的形式交叉组合而成的，远近透视关系处理得恰到好处，因此画面看起来极具空间感。此外，画家还对画面进行了动静处理，大地被白雪覆盖起来，一切都显得那么安静，近处黑色的树木高高耸立，增加了宁静肃穆的感觉；而在树木中穿梭的猎人和四处搜寻的猎狗，远处在碧绿的湖面上滑冰的人们，无不彰显着生命的活力。画家对色彩的使用也十分讲究，画面以黑白灰为主色调，从而让人感觉寒冷，这与画面所描绘的季节是相符的。总体来说，这部作品成功地将人物的活动融入大自然的景色中，丝毫没有早期风景画那种拼凑的感觉，在赞美大自然的同时，也歌颂了人类的劳动。

《盲人的寓言》是老彼得·勃鲁盖尔非常有名的一幅作品。它是根据《圣经》中的一句话而创作的。在《圣经》里，耶稣对法利赛人说："他们是瞎眼领路的。若是瞎子领瞎子，两个人都要掉在坑里。"在这幅画中，共有六个盲人，他们手里拿着拐杖，手搭着前面那个人的肩膀一起向前走，走在最前面的那个人已经掉进坑里，第二个人跌在第一个人身上，后面的几个人还在继续往前走。这幅画具有深刻的寓意，画家想以此告诉人们，当时盛行的各种经院哲学及传道士的荒谬的言论，就像盲人引路那样，会把他们引入歧途。值得一提的是，画面中的六个盲人，有五个能够看到脸部，古病理学家对这五个人进行研究，发现他们双目失明的原因各不相同，有的是因为摘除了眼球，有的是因为眼球萎缩，有的是因为眼角膜长了白斑，有的是得了黑蒙（一种眼部疾病），还有的是得了天疱疮。由此可以看出，画家对生活进行过细致的观察和研究。

老彼得·勃鲁盖尔通过绘画将他所处的时代真实地展现了出来。正是因为这一点，他被公认为文艺复兴时期尼德兰最伟大的艺术家。他去世后，尼德兰的文艺复兴也就画上了句号。1579年荷兰独立后，尼德兰绘画分成了荷兰绘画和佛兰德斯绘画。

【图21】 ［荷］博斯《人间乐园》（局部）

魔术画家博斯

希罗尼穆斯·博斯是 15 世纪末 16 世纪初尼德兰画坛最具特色的画家之一。

15 世纪末 16 世纪初，尼德兰的画家普遍注重形象的真实性，崇尚细腻、严谨的画风，而博斯却通过幻想描绘出大量漫画式的形象，比如，用猴子、老鼠或者妖魔鬼怪来讽刺封建主、神学家、高级僧侣等社会上层人物，因此在很长一段时间里，他都被人们看作一个供人取乐的"魔术画家"。不过，人们通过对他的怪诞的象征主义进行哲学解释或心理分析解释，便发现他的作品站在人文主义的立场上，反映了尼德兰人民反对天主教和封建主义思想的情绪。

在博斯的作品中，人们经常能够看到勺子、碗、锤子等熟悉的物品，但他总是对这些物品进行夸张处理，从而让人感到难以理解。其实，他作品中的形象，都是取材于现实生活并与他奇特的想象相结合而产生的。

博斯绘画的题材相对固定，通常为基督教义的死亡、地狱、天国与最后的审判。尽管题材具有一定的局限性，不过他能够运用敏锐的洞察力、丰富的想象力和幽默感将人们内心的真情实感表现出来。尽管他的作品展现的神奇荒诞的画面为他招来很多批评，不过他根本不会将这些批评放在心上，因为他坚信他的使命就是把每个人心中的地狱描绘出来。

除了宗教题材的绘画，博斯也创作了一些风景画。他的风景画所描绘的都是大场面，为了取得这个效果，通常他都会把画面的地平线提高，这样就

【图22】 ［荷］博斯《圣安东尼的诱惑》（局部）

可以将大量人物和活动安排在前景中。他也十分擅长色彩的运用，在这方面对后世画家产生了深远的影响。

博斯的代表作品有《愚人船》、《切除结石》、《魔术师》、《干草车》、《人间乐园》（图21）、《圣安东尼的诱惑》（图22）、《地上的乐园》等。

《圣安东尼的诱惑》是最能体现博斯绘画风格的一幅作品。圣安东尼是基督教中的圣人，他出生在埃及，通常被认为是禁欲主义的奠基者。他是一位非常虔诚的基督徒，也是一位隐士。他在父母去世后，把所有的财产都给了贫困的百姓，之后独自跑到埃及的沙漠里，与外界断绝所有联系，默默地修行多年。在修行过程中，魔鬼曾多次去诱惑他，迫使他放弃修行，可是他经受住了诱惑。在这部作品中，位于画面中央的是阴暗的人群，左边展现了肉体所受到的折磨，右边则是各种诱惑。整幅画面充斥着各种稀奇古怪的人、动物以及既不像人也不像动物的怪物，画家以此来暗暗讽刺天主教会和教士的虚伪。在平台的右下角，有一个怪物正在一本正经地阅读《圣经》，它长着狐狸的脑袋、老鼠的脸，长长的鼻子上还架着一副眼镜；屋顶上的教士怀里抱着一个女人，正在高兴地喝酒，在他的身边还站着一个一丝不挂的女人；在平台上，安东尼双膝跪地，手里端着一碗清水，他周围的人们都在尽情地享乐，这所有的一切都体现了教会的虚伪和无耻。画面中各种古怪的形象都是画家想象出来的，不过，画家在创作过程中所坚持的那种不容置疑的态度，使得观众觉得它们并非捏造，而是真实存在的。画家根据对身边景物的观察，采用写实主义手法来描绘这些怪物，因此人们才会从他的作品中体会到一种似曾相识的感觉。

博斯是一个喜欢批判现实的画家，他运用写实主义手法，凭借丰富的想象力，为人们创造了一个荒诞不经的想象世界，让人赞叹不已。博斯的艺术创造力是令人惊奇的，对后世画家产生了深远的影响，因此被尊称为"现代绘画的始祖"。

【图 23】 ［德］丢勒《1500 年的自画像》

总当"第一"的丢勒

阿尔布雷特·丢勒是文艺复兴时期德国伟大的油画家、版画家、水彩画家。他出生于德国纽伦堡，父亲是一个金饰工匠。他早年跟随父亲学艺，后来由于热爱绘画，并展现出一定的天赋，便进入夏埃尔·沃尔格穆特的绘画作坊学习绘画。在13岁那年，他就可以把自己的肖像画得栩栩如生，而这幅作品也是他第一幅重要的作品，同时也是西方绘画史上现存最早的肖像画作品。后来，他前往德国各地游历，之后又去了意大利。他对意大利文艺复兴时期造型艺术所取得的成就十分敬佩，拜访了威尼斯画派的创始人乔凡尼·贝利尼，并受到很大启发，尤其是在色彩的使用和对自然景物的描绘方面。

丢勒在德国民族绘画的传统上，广泛吸收了南、北欧的文艺复兴精华，因此，他的作品既具有北欧人细腻、精致的特点，也融入了南欧艺术的理想化和科学化。他的作品充满了人文主义精神，即便在宗教题材的作品中，也流露着对生活的热爱。

自1509年起，丢勒开始担任纽伦堡市大市政会委员，并与德国著名的人文主义学者进行思想交流。他精心绘制了很多肖像画，既包括他自己的肖像，也包括德国当代人的肖像。这些作品符合日耳曼人的性格特征，反映出了当代德国人的精神风貌。

《1500年的自画像》（图23）是丢勒肖像画中的代表作，创作于画家29

【图 24】 ［德］丢勒《四使徒》

岁那年。这幅作品只有丢勒上半身的形象，没有任何背景和细节，画家这种独具匠心的安排，是不想通过突出局部细节来吸引观众的注意。肖像正面面对观众，上身穿着红色的裘皮大衣，右手放在胸前，食指指着心脏的位置。此外，他那泛着金属光泽的鬈发披散在脑袋周围，每一绺头发的位置、厚度与光的结合都是经过精心安排的。观众可以看出，这幅作品每一处都描绘得非常细致。丢勒把自己的肖像画得充满了神圣感，与基督的肖像相似，这反映出他渴望提升画家的宗教地位的愿望，同时也反映出他的艺术理念：艺术家与普通人不同，他们是创造者，甚至具有像上帝那样的神奇创造力。

此外，丢勒还对中世纪印制《圣经》而留存下来的宗教木刻图画进行改进，使其成为极具艺术性的独立画种——版画。丢勒是欧洲最早表现下层生活的画家之一，他用版画展现了社会底层人民广阔的生活图景。这类作品有《三个农民在谈话》《农民和他的妻子》《骑士、死神和魔鬼》《四使徒》（图24）《书斋中的圣哲罗姆》等。

木版油画《四使徒》是丢勒晚年的作品。它由两块长条形的画面组成，每个画面上都有两个基督的徒弟，左侧画面中是约翰和彼得，他们代表仁爱，另一侧则是保罗和马可，他们代表正义。这部作品将画家的艺术功力淋漓尽致地表现了出来。画家深受尼德兰细密风格的影响，将四位圣人的肖像集中安排在两块长方形的木板上，构图采用对称的形式。另外，色彩的配置也极为简洁。从总体来说，四位圣人的形象非常逼真，他们的头发、眼睛及脸部的肌肉变化，使得画面看起来生动传神。另外，将四位圣徒安排在狭长的画面上，提升了他们的崇高感。他们的神态和动作各具特点，却又有呼应和联系，在简单中存在着变化，在变化中存在着统一。这部作品被认为是德国宗教改革时期艺术的里程碑，它体现了画家的人文主义思想，同时也显示出其油画艺术那种细致严密、简洁有力的特征。

除了大量绘画作品，丢勒还为后世留下了《筑城原理》《量度艺术教程》《人体解剖学原理》等理论著作。

丢勒于1528年去世，享年57岁。在他的一生中，他创造了许多个"第一"，比如他是西方第一位画自画像的画家，他是第一位去大自然中写生的画

【图25】 ［德］丢勒《忧郁》（铜版画）

家，他还是第一位用版画的形式制作作品集的画家……在他的努力下，意大利文艺复兴的唯美崇高与北方画派的严谨写实得以融合，这也预示着新的绘画风格即将出现。

版 画

　　版画是随着印刷术的成熟而出现的一种绘画形式。在文艺复兴时期，根据版的材质的不同，版画主要分为木版画、铜版画和石版画。制作木版画时，画家先在木版上勾勒出线条，再把线条以外的部分刨掉让线条凸显出来，这样刷上油墨印在纸上的画，我们称之为"凸版画"。在中国古代，年画通常就是用此方法制作的。

　　铜版画（图25）通常是用刻刀或化学药水在铜版上腐蚀出线条，然后将墨注入线条，再将纸覆盖在铜版上印出图案。用这种方法制作的版画，也称为"凹版画"。

　　石版画一般是用含有油质的药墨在石版上画出图样，然后用湿布沾湿石版，再在石版上刷上油墨，因为药墨不吸水但能吸收油墨，这样将纸覆盖在石版上后，图样就能印在纸上，所以石版画也可称为"平版画"。

在西班牙画画的希腊人

16 世纪下半叶，样式主义绘画成为西班牙各地最主要的绘画形式。西班牙最早的一位样式主义画家是路易斯·莫拉雷斯。他创作了大量宗教画，由于作品中带有神秘主义倾向，因此人们称他为"神人"。

埃尔·格列柯是西班牙名气最大的样式主义画家之一，也是西方绘画史上最具个人特色的画家之一。世人对他有两种截然相反的态度：有人认为他是一个疯子，因为他个性张扬，狂妄不羁，完全不把别人放在眼里；也有人认为他是世界上最伟大的艺术家，因为他是西班牙画坛的灵魂，是一个天才画家。

格列柯出生于希腊克里特岛的伊拉克利翁，原名叫多米尼加·泰奥托科普利，由于出生于希腊，因此人们称他为格列柯，格列柯也就是希腊人的意思。他早年受到拜占庭画风的影响，25 岁时就已经成为克里特岛的独立画家。26 岁那年他前往威尼斯，进入提香的画室学习绘画。这段学习经历让他大开眼界，使他的绘画脱离中世纪艺术的窠臼，走上文艺复兴艺术的道路。后来他又去了罗马，在那里深受拉斐尔与米开朗琪罗的艺术的影响。1577年，他又离开罗马，来到西班牙。

关于他从意大利来到西班牙的原因，当时有多种说法，有一种说法是：罗马教皇对米开朗琪罗的《最后的审判》有些不满，打算对其进行修改，主要是给画中的裸体人物穿上衣服。格列柯得到消息后，主动请求负责这项工作，还信誓旦旦地表示他可以将米开朗琪罗的画全部涂去重画，而且画的质量还会更高。很多意大利画家都觉得他过于狂妄，因此便想方设法排挤他。怀才不遇的格列柯一怒之下便离开意大利，去了西班牙。

来到西班牙后，格列柯迎来了创作生涯的转折。最初，他打算为国王腓力二世服务，可是，腓力二世对他的画并没有兴趣。在遭到冷落后，他来到西班牙的古都托莱多。托莱多是一个没落贵族聚居之地，当地的旧贵族十分欢迎他，还为他提供了一处幽静的住所。他像贵族那样生活，与当地的文学家、哲学家、诗人交往。从此之后，郁郁寡欢的格列柯与当地失意的旧贵族在思想上产生了一些共鸣，创作了《奥尔加斯伯爵的葬礼》（图26）、《莫里斯的殉教》等很多优秀作品。

由于受到所处时代及社会环境的影响，格列柯的思想中充满了矛盾——他对西班牙的上层社会不满，却又无法逃离贵族的圈子，与下层百姓进行接触。这种矛盾在他的作品中有所体现——他所画的人物和风景经常是变形的。进入17世纪之后，他的思想变得更加复杂，情绪更加激动，性格也变得越来越孤僻、暴躁。因此，他的作品变得更加复杂：除了扭曲的人物和自然风景，还经常充满狂放的激情，有时候还有一定的神秘主义色彩。在这一时期，他创作了《揭开第五印》《拉奥孔》《托莱多风景》及一组使徒肖像画。

格列柯一生创作了大量作品，既有宗教画、肖像画，也有风景画。虽然他曾专门研究过解剖学，但其作品中的人物总是被拉长，与人体解剖学结构不相符，而且在构图上根本没有一般画作常见的视平线、视点及透视线，可是他的作品却又给人一种真实感。另外，格列柯的作品经常流露出苦闷、怀疑、深思的情绪，还具有人文主义倾向和中世纪拜占庭艺术的神秘性，是神秘主义与现实主义结合的产物。

《奥尔加斯伯爵的葬礼》是格列柯的一幅重要作品。它所描绘的是在托莱多贵族中盛传的"奥尔加斯伯爵"的故事：1323年，托莱多的贵族奥尔加斯伯爵下葬时，两位天使突然从天而降，前来参加伯爵的葬礼；他们穿着金色的衣服，缓缓地走向人群，抱起伯爵的尸体，放进石棺里；参加葬礼的人们目睹这一奇迹后，感到非常吃惊，有的陷入深思，有的抬头看天，有的急

【图 26】 ［西班牙］ 格列柯《奥尔加斯伯爵的葬礼》

忙念起经文……这幅作品具有浓重的"格列柯式"烙印，人物的脸非常长，眼睛湿润且炯炯有神，尤其是画面左下角的小女孩，她的眼睛清澈如水，具有一种空灵之感。另外，金、银、黄、白、黑等多种色彩交织在一起，使得画面看起来异常美丽，而且增加了庄严肃穆的感觉。这幅作品的意义在于表现人们在奇迹面前所展现出来的复杂矛盾的感情，它并不是想把人们引向宗教，而是引向社会，让人们更加关注社会，从而对社会有更加清晰的认识。

格列柯是一个才华出众的画家，也是一个性格复杂的人物。他的作品将西班牙16世纪下半叶的社会动荡及没落的旧贵族的精神危机表现了出来，因此，人们在他的墓志铭上这样写道："他用笔给木头以灵魂，给画布以生命。"不过，由于他刻意回避现实，他的作品题材基本局限于贵族的世界。

样式主义

样式主义又被译为矫饰主义、风格主义，是一种流行于16世纪20年代至16世纪末的绘画形式。样式主义绘画打破了文艺复兴时期绘画过于注重均衡与和谐的桎梏，人物肢体扭曲，肌肉刻画夸张，布局结构随意，色彩使用大胆，主题晦涩难懂，但整个画面又往往充满动感、情绪饱满。样式主义的杰出代表画家就是格列柯，因为他的出现，样式主义成为文艺复兴与巴洛克之间的过渡。

第三章

巴洛克：华丽动感的神话世界

（16世纪—18世纪）

　　巴洛克的原意是形状不规则的珍珠。巴洛克艺术的最大特点就是闪亮、华丽，充满律动感，极具视觉冲击力。在教会的大力支持下，巴洛克艺术在意大利、西班牙等天主教国家流行起来。而法国取代了意大利，成为欧洲绘画发展的中心。

【图27】 ［意］卡拉瓦乔《圣母升天》

地狱中的一道光

卡拉瓦乔出生在意大利北部伦巴第的卡拉瓦乔村，人们因为他出生的村子名叫卡拉瓦乔，便以这个名字来称呼他。他出生在农村，对农民的生活非常了解，这对他以后的创作产生了深远的影响。11 岁那年，他开始跟随米兰的画家西蒙·彼得尔查诺学习绘画。在米兰，他接触到了文艺复兴时期一些绘画大师的作品。1590 年左右，他来到艺术圣地罗马，进入样式主义画家阿尔彼诺的工作室学习绘画。

卡拉瓦乔是一位风格独特的艺术家。一方面，他摒弃了古典主义的崇高和伟大，将神圣的宗教人物世俗化，描绘着现实世界的黑暗、腐败与残酷。在当时的欧洲艺术史上，这是一种大胆的创新。这一点在《圣母升天》（图27）中表现得淋漓尽致。

《圣母升天》是卡拉瓦乔为圣马利亚·德拉·斯卡拉教堂所作的祭坛画。圣母马利亚在宗教艺术领域是非常神圣的题材，可是画家却将圣母"世俗化"，按照自己对宗教画的理解来描绘圣母的形象。画面描绘了这样一个场景：在一个破败的农民家庭里，一位中年妇女病死了，身边的人正为她的死而伤心。她家里十分贫困，因此生病后没钱救治，最后被疾病夺去了生命。她连一双鞋袜都没有，身体有一半还悬在床外，这些细节将意大利贫困家庭的窘迫处境真实地再现了出来。画家还把使徒们描绘成前来奔丧的亲友，他们非常伤心，悲痛欲绝。

【图28】 ［意］卡拉瓦乔《召唤使徒马太》

　　这幅作品朴实自然，没有任何虚构和想象，真实地再现了普通劳苦大众的形象，也没有任何宗教气息。画面上方华丽的帷幕，看起来与画中的人物有些矛盾，其实那是他按照订件人的要求加上去的。据说，订件人看到这幅作品后非常失望，不肯接受，因为画家没有将圣母的崇高和伟大表现出来；学院派也纷纷指责卡拉瓦乔，说他玷污了圣母高贵的形象。不过，卡拉瓦乔并没有向他们妥协，而是坚持自己的绘画风格，这也正是他受到后世尊敬的原因之一。

　　另一方面，卡拉瓦乔在其作品中对光线进行了大胆的处理。他把光当成一种重要手段，从而使形象更加生动，布局更加合理，主题戏剧化更加明显。卡拉瓦乔的名作《召唤使徒马太》（图28）便是其中典型的代表。而这种对光线的处理方法在当时是前所未见的。在法国画家拉图尔的带领下，很多后来在西方绘画史上占有一席之地的画家，如鲁本斯、委拉斯开兹，先后追随着卡拉瓦乔的脚步，将这一处理明暗的手法发扬光大，主导了17世纪整个欧洲的巴洛克艺术风格。所以人们也称卡拉瓦乔为"推开17世纪大门的人"，而把与他的题材相似，遵循他那种创作手法的艺术称为"卡拉瓦乔主义艺术"。

　　值得一提的是，在卡拉瓦乔生活的年代，他的绘画并不总是受到肯定和称赞的，有时候还会引起争议，因为他的作品描绘的都是下层受侮辱的百姓的形象。他本人对自己所处的社会并不完全认同，而是持怀疑和批判的态度，这在他的很多作品中都有所体现，比如《手提歌利亚头的大卫》（图29）这部作品，大卫这个战无不胜的英雄被他画成了一个普通的小男孩，虽然手里提着敌人的头颅，但是他丝毫也没有表现出高兴的样子，脸上还流露出疑惑、不安的神情。大卫脸上的神情就是卡拉瓦乔本人矛盾和怀疑情绪的真实写照。

【图 29】 ［意］卡拉瓦乔《手提歌利亚头的大卫》

被"嫌弃"的卡拉瓦乔的一生

与在绘画上取得的辉煌成就形成鲜明对比，卡拉瓦乔的人生却异常悲苦坎坷。他性格暴躁，不守规矩，放荡不羁，经常与别人打斗。有一次，他在决斗中不慎杀死对方，被法庭判处了死刑。为了活命，他不得不离开罗马。很快，他的绘画才华让他获得了马耳他骑士团的认可，他还获得了骑士的称号。但就在这时，他又因与其他骑士发生纠纷而锒铛入狱。随后，他逃出监狱，躲到了西西里岛。1610年，39岁的卡拉瓦乔打算回罗马，但为了安全，他先搭船到了埃尔寇克港，结果一上岸又被误认成另一个逃亡的骑士而被捕入狱。虽然他很快就被释放，但船已经开走了，而且钱财也不翼而飞，他又气又急，不幸感染上了疟疾。当人们在港口附近的海滩上发现他时，他正发着高烧，被送到当地的教会医院不久就断了气。没人知道他是谁，更没人知道他的名字，甚至没人记下他埋尸何处……

【图30】 ［荷］鲁本斯《圣母马利亚升天》

人生大赢家

佛兰德斯就是今天的比利时、法国、荷兰一带。17 世纪初期，尼德兰资产阶级革命爆发，尼德兰人民为了追求独立，与西班牙统治者进行了长达几十年的斗争，最后在北方取得胜利，从而建立起欧洲第一个资产阶级共和国——荷兰共和国。南方的佛兰德斯依然没有摆脱西班牙封建专制和天主教会的势力。在这样的历史背景下，佛兰德斯的绘画受到意大利威尼斯画派、博洛尼亚画派、巴洛克风格的影响，形成了具有鲜明特征的装饰风格。

彼得·保罗·鲁本斯是 17 世纪佛兰德斯成就最高的画家之一。鲁本斯的父亲本来是安特卫普的一名律师，为了躲避宗教迫害而逃到了德国。1577年，鲁本斯出生于德国锡根，在他 10 岁那年，他的父亲不幸去世，母亲带着他回到了安特卫普。长大一些后，鲁本斯跟随阿达姆·凡·诺尔特和奥托·凡·韦恩学习绘画，共学了五年时间，直到 21 岁才出师。由此，他打下了坚实的绘画基础。

1600 年，鲁本斯离开佛兰德斯，前往意大利游学，在那里待了八年。在这个时期，他受到人文主义思想的影响，观摩了大量文艺复兴绘画大师的作品，从中受到很大启发。此外，意大利当代的艺术也引起了他极大的兴趣，因此他从意大利学院派绘画、卡拉瓦乔的写实主义绘画及巴洛克艺术中汲取了充足的养分。1608 年，鲁本斯返回佛兰德斯，第二年，西班牙在佛兰德斯的统治者阿尔布雷希特大公和西班牙公主伊莎贝拉将他聘为宫廷画家，从此

【图31】 ［荷］鲁本斯《玛丽·美第奇抵达马赛》

他便专心创作，成为当时最有名望的画家之一。

鲁本斯一生创作了三千多幅作品，而且作品的题材也非常广泛，包括肖像画、风俗画、宗教画、风景画、历史画、动物画等。他将尼德兰的传统艺术与富丽堂皇的巴洛克艺术结合起来，运用明暗对比、颜色对比及流畅的线条来增加画面的流动感，形成了具有浪漫主义倾向的艺术风格。他的作品中的人物栩栩如生，色彩明亮，具有很强的装饰性和流动感，代表作品有《圣母马利亚升天》（图30）、《最后的审判》、《基督升架》、《基督降架》、《裹在大衣里的海伦娜》、《劫夺吕西普的女儿》、《玛丽·美第奇抵达马赛》（图31）等。

油画《劫夺吕西普的女儿》描绘的是希腊神话中的故事：卡斯托和普鲁克斯是众神之王宙斯与丽达所生的亲兄弟，他们爱上了迈锡尼王吕西普斯的两个女儿，便前去抢夺。画家描绘这个故事情节是想通过"抢夺与反抗"这两种具有强烈动态的动作，让四个人物组成一个极具戏剧性的画面。在画面中，马的脑袋和脚、人的脑袋和脚分别向画面的四个角延伸，人的身体的颜色与马匹的颜色形成强烈的对比，裸体充满了动感，线条极为流畅，这些组合在一起，使整个画面洋溢着狂热的气氛。在画面的左侧和中间，画家还独具匠心地画了两个长着翅膀的小爱神，他们暗示着画中人物使用了暴力，但他们是为了爱情才这样做的。整个画面充满了活力和热情，充分体现了画家将巴洛克艺术的激情、极具创意的构思、戏剧性的艺术效果与写实主义表现手法结合起来的能力。通过这部作品，画家歌颂了热情洋溢的青春和对爱情的大胆追求。

《玛丽·美第奇抵达马赛》是鲁本斯接受法国宫廷委托而创作的作品。1662年至1665年，鲁本斯创作了组画《玛丽·德·美第奇的生平》，包括21幅大型油画和一些肖像画。《玛丽·美第奇抵达马赛》是组画中的第六幅，被称为"皇室婚姻的华丽前奏"。

玛丽·美第奇出生于意大利，是佛罗伦萨著名的美第奇家族的成员，出于政治需要，她嫁给了法国国王亨利四世。后来，亨利四世被天主教徒刺杀身亡，由年幼的儿子路易十三继位。由于路易十三年纪太小，玛丽·美第奇代他处理政事。为了回避玛丽·美第奇母子之间的矛盾、尊重历史，画家充分发挥想象力，将现实人物与神话人物、历史事实与虚构情节安排在一起，组成了非常华丽的画面，达到了美化和歌颂玛丽·美第奇的目的。

　　这幅作品所描绘的是玛丽·美第奇与都斯卡那大公夫人乘船抵达马赛港的情景。玛丽·美第奇穿着华丽的服装，高傲地站在船头上，等待人们的迎接。天空中的仙女演奏着欢快的音乐，海里的仙女则邀请她当海中的神后。整个画面色彩华丽，人物形象生动，充满旺盛的生命力，给人一种愉悦之感。

　　鲁本斯的作品华丽明亮，没有哀伤，总是透露着一种幸福，洋溢着旺盛的生命力，迎合了贵族的审美，再加上他非常善于交际，所以在欧洲各国上流社会都拥有极好的声誉，大家争相邀请他作画，西班牙国王和英国国王甚至还授予他爵位。在西方绘画史上，鲁本斯是为数不多的名利双收的成功者，真可谓"人生大赢家"。

名门望族——美第奇家族

　　美第奇家族是文艺复兴时期意大利最富有、最有名望的贵族之一。这个家族的祖先本是农民，后来靠经商致富，跻身贵族行列。14世纪，在掌门人乔凡尼的运作下，美第奇家族一跃成为欧洲最富有的家族。随后，乔凡尼的儿子科西莫接管了教皇的财政，美第奇家族成了佛罗伦萨的实际统治者。当科西莫的孙子洛伦佐当上掌门人后，美第奇家族的实力达到了顶峰。但到了16世纪，随着马丁·路德倡导的宗教改革的兴起、英国资产阶级革命的到来，美第奇家族衰落了。到了18世纪，美第奇家族最终因为没有后代而消失了。

　　在统治佛罗伦萨的两百多年里，美第奇家族最让人称道的是每一代掌门人都对艺术发展表现出了极大的兴趣。受过他们资助的大师，很多人的名字如雷贯耳，如波提切利、达·芬奇、但丁、伽利略、拉斐尔、米开朗琪罗、提香等。毫不夸张地说，没有美第奇家族，就很难有欧洲的文艺复兴，所以美第奇家族也被世人称为"文艺复兴教父"。

最会画"笑"的画家

弗兰斯·哈尔斯是 17 世纪荷兰杰出的肖像画家，同时也是荷兰现实主义绘画的奠基人。他出生在佛兰德斯的一个工匠家庭里，后来随父母迁居到荷兰的哈勒姆，并在那里度过了一生。1610 年左右，他加入了哈勒姆圣路加公会，成为一个画家，开始进行独立创作。那时，荷兰人民革命斗争刚刚取得胜利，荷兰共和国正不断地发展。弗兰斯·哈尔斯创作了很多表现荷兰市民愉悦、健康、充满生命力的形象。到了晚年，他的处境十分悲凉，最后于 1666 年 8 月去世时，由于无依无靠，他的后事只能由市政当局来处理。

哈尔斯是一个具有民主意识的人，也是一个积极乐观的人，他的作品广泛地描绘了荷兰各个阶层、各个年龄段的人，洋溢着乐观主义精神，充分体现了刚刚从西班牙的统治下独立的荷兰时代精神。作为一名肖像画大师，哈尔斯在构图时通常会采用近景。在刻画人物时，他特别善于运用自由而大胆的技巧将人物转瞬即逝的神情捕捉到；对于人物性格和心理状态的刻画，也是他非常擅长的。他还喜欢运用粗细交叉的笔法塑造形象，色彩明亮鲜艳，具有强烈的对比效果。尽管他的作品多为单人半身肖像，但经常能够让人联想到画外人物，从而构成一个完整的情节，非常富有感染力。

哈尔斯的代表作品有《吉卜赛女郎》（图 32）、《微笑的骑士》、《弹曼陀铃的小丑》、《扬克·兰普和他的情人》、《哈勒姆养老院的女管事们》、《一个戴宽边帽的男子》等。

【图 32】 ［荷］哈尔斯《吉卜赛女郎》

　　除了单幅肖像画，哈尔斯还创作了一些团体肖像画，其中《圣乔治射击手连军官们的宴会》《圣亚德里安射击手连军官的宴会》就是这类作品的代表。这类作品通常是应订件者的要求而创作的，由于订件者的要求所限，画家并不能将其肖像画的特色完全展现出来。不过，他还是在传统团体肖像画那种呆板、平整的布局基础上，尽量将人物安排得错落有致，努力使画面呈现出热烈的气氛。

　　哈尔斯最出色的肖像画作品当属《吉卜赛女郎》。画家采用近景半身构图，成功地描绘了一个年轻的吉卜赛姑娘的形象。画面中的女孩穿着一件破旧的衣服，敞着领口；脸上挂着神秘的微笑，好像没把任何事放在心上；身体微微倾斜，似乎正在与画外的人谈话。她身上流露出一种纯朴、野性、无拘无束的自然美。为了加强这个形象的表现力和感染力，画家特意使用了明快的粗线条。总之，画面中的形象与吉卜赛女孩那种豪放、热情的性格是一致的，画家运用出色的技巧和热烈的色调，将女孩的气质精准地刻画了出来。

让伦勃朗破产的世界名画

在哈尔斯之后，荷兰又出了一位杰出的现实主义画家，他就是伦勃朗·哈尔曼松·凡·莱因。伦勃朗是一位全才，擅长绘制历史画、风景画、风俗画、油画和版画，对欧洲现实主义艺术的发展做出了卓越贡献，也使得17世纪的荷兰绘画在美术史上留下了浓墨重彩的一笔。

伦勃朗出生在莱顿小镇，那里弥漫着浓重的文化氛围。他早年受过良好的教育，后来进入著名的莱顿大学学习。由于热爱绘画，他便放弃了自己的专业，开始学习绘画，并于20岁左右成为独立的画家。1634年，他与富商的女儿莎士基亚结婚，从此过上了幸福快乐的生活，在创作方面也频出佳作。到了17世纪40年代，伦勃朗一直坚持现实主义的创作原则，而荷兰资产阶级已经失去了革命的进步性，只对附庸风雅的低俗绘画感兴趣，对他的作品失去了兴趣，因此他的生活越来越贫困。进入晚年后，他的第二任妻子和儿子相继去世，他的生活陷入极度贫困的境地，于1669年去世。

伦勃朗是一位非常勤奋的画家，他把"比金钱更重要的是名誉，比名誉更重要的是自由"这句话当作艺术创作的座右铭，始终坚持现实主义风格，一生创作出了六百多幅油画、三百多幅版画以及两千多幅素描和速写。

他早期的作品多以《圣经》故事和希腊神话为题材，却用现实主义手法对其加以"世俗化"；中期的作品以油画为主，运用光线明暗的对比，以及色彩的变化表现空间的流动性及人物内在的精神特质；后期则以肖像画为主，

【图 34】 〔荷〕伦勃朗《夜巡》

这类作品生动传神，独具特色。《杜普教授的解剖学课》（图 33）是伦勃朗于 1632 年创作的杰出作品，那时他只有 26 岁。它是画家受阿姆斯特丹外科医生行会委托而绘制的一幅团体肖像画。虽然画家当时的艺术风格还没有形成，但是从中已经可以看到其成熟期的特色。

画面中的人物都是阿姆斯特丹外科医生行会中的真实人物，画面中间那个人手里所拿的纸上记录着他们的名字。那个戴着黑色帽子、手里拿着手术刀、正在指着尸体向其他人讲述的是医学博士杜普教授，其余都是医生。杜普教授正在解剖和讲解，从他的动作和神态可以看出，他技术高超、信心十足；其他医生都在认真地倾听杜普教授的讲解，并带有惊异的神情，这是对科学真理认真探索的体现。画中人物的头部有高有低，这使得整个画面看起来十分自然，不像以前的团体肖像画那样死板。画家还运用光的效果将主要场景凸显出来，将最强的光集中在杜普教授的手和尸体上，从而使得画面更加具有戏剧性效果。

《夜巡》（图 34）又名《班宁柯克大尉率领自己的长枪队紧急集合》。17 世纪 40 年代，阿姆斯特丹射击手公会找到伦勃朗，请他绘制一幅团体成员的群体肖像画，以便挂在同业公会里展示。订货者要求伦勃朗像照相那样，把每个人的肖像都画出来。伦勃朗觉得这个要求太过庸俗，便自作主张，将它当成一个历史主题来构思，虚构了一个紧张的战斗情景。

在这幅画作中，一群军人在长官的带领下出发巡夜，走在最前面的是班宁柯克大尉和他的副手，他们一边说话一边向前走，其他的人都被安排在后面不同的位置上，有的人是正面，有的人是侧面，还有的人隐藏在黑暗之中，每个人的动作都与身份相符。画家运用强光突出前排的主要人物，后排则使用较暗的棕色调，从而形成强烈的对比，画面中的光亮部分在对比之下显得十分突出，使画面的戏剧性效果得以加强。

但令人感到荒诞的是，这幅被后人认为最能代表伦勃朗成就的作品，不仅使订购者非常不满，把伦勃朗告上了法庭，也不被世人接受，人们嘲笑它，说不知道这画的是白天还是晚上。这幅"失败"的画作使伦勃朗的名声受到了极大的损害，渐渐沦落到无人买画的窘境，最终贫病交加，死时像乞丐一

【图35】 伦勃朗自画像(青年、老年)

样被安葬。

　　年轻时乐观向上,自信心十足;中年时沉稳坚毅;晚年宽容慈祥。伦勃朗的一生,都通过他的一百多幅自画像(图35)记录了下来。可以说,伦勃朗是西方绘画历史上创作自画像最多的画家。

凝固在画中的少女

　　约翰内斯·维米尔是荷兰17世纪最优秀的风俗画家之一，也是"荷兰小画派"的代表人物之一。他出生在代尔夫特，父亲是一名画商。父亲去世后，他便继承了父亲的职业，同时从事绘画创作。他的创作速度非常慢，一生只创作出四十多幅作品，不过，每一幅作品都精美绝伦，艺术成就极高。他的大部分作品所表现的都是日常生活，多以当地富裕的家庭妇女为主要形象，将中产阶级那种舒适、安逸的生活表现出来。他的作品画面简洁，通常只有一个妇女，人物神情安详。此外，维米尔对柠檬黄和蓝色情有独钟，非常喜欢使用这两种颜色，从而使画面笼罩着一种优雅、安静的气氛。他还特别重视对光的运用，不再沿袭伦勃朗的"聚光画法"，经常画阳光洒满房间，还经常把人物安排在窗前，从而形成强烈的明暗对比，同时显得自然、不做作。他的代表作品有《倒牛奶的女仆》、《戴珍珠耳环的少女》（图36）等。

　　《倒牛奶的女仆》是维米尔最优秀的作品之一。它描绘的是一个女仆在厨房里倒牛奶的场景。整幅画构图十分简洁，环境也极其简朴。画面中的女仆头戴白色的头巾，上身穿一件黄色的上衣，下面穿一条蓝色的长裙，这个健壮、朴实、任劳任怨的形象，与日常生活中的妇女形象十分吻合。从她那挽起来的衣袖和她那专注的眼神，可以看出她正在专心致志地工作。厨房里没有太多东西，左侧有一扇窗户，光线从窗户照射进来，照在女仆的身上和桌子上的杂物上，看上去十分自然，同时又突出了女仆倒牛奶这一动作。整

【图 36】 ［荷］维米尔《戴珍珠耳环的少女》

个画面看起来非常普通，没有戏剧化的冲突和吸引人的情节，但一切都让人觉得亲切。画家所追求的就是通过日常生活的场景和朴实的风格去打动观众，而这幅作品就完美地做到了这一点。

巴洛克的世界是复杂的，不仅有鲁本斯的华丽高雅、伦勃朗的波澜壮阔，也有维米尔这种只关注恬静美好的"画中小品"。但与许多生前就已成名的画家相比，维米尔不仅生前寂寂无名，在死后的两百多年里也几乎不曾被人提起。直到 19 世纪，他的作品被偶然发现，才引起了越来越多的人的注意；今天，人们更是将他与哈尔斯、伦勃朗并称为"荷兰三大绘画大师"。

群青

虽然人们对维米尔的一生知之甚少，但从他留下的各种负债字据不难判断，他生前一直很穷困。除了作画速度慢、有 11 个孩子要养活，最主要的原因是维米尔喜欢在作品中大量使用一种蓝色——群青色。

群青颜料的价格在当时非常高，堪比黄金。之所以如此昂贵，是因为其原料是有"半宝石"之称的青金石，而且产地远在阿富汗。再加上青金石里有很多杂质，打成粉状物后，还需要调配师从中将杂质一点一点地挑出来。所以在当时的欧洲，只有教会和贵族才付得起这种颜料的费用。

到了 19 世纪 20 年代，法国化学家让 - 巴布蒂斯特·吉美发明了人造群青，其化学成分与最纯的青金石一样，没有杂质，比天然群青的颜色还要饱满。从此以后，天然群青就退出了历史舞台。

在画里做自己的王

　　委拉斯开兹是 17 世纪西班牙著名的绘画大师，也是西班牙伟大的肖像画家。

　　1599 年，委拉斯开兹出生在塞维利亚的一个破落的贵族家庭里。当时的塞维利亚既是西班牙的贸易中心，也是艺术中心，人文主义思想在那里得到了广泛传播。在他 11 岁那年，他的父亲把他送进老埃连拉的画室学习绘画，后来他又跟随著名画家帕切柯学习。帕切柯十分崇拜意大利文艺复兴时期的艺术大师拉斐尔，并接受了人文主义思想。在帕切柯的影响下，委拉斯开兹也成了一个人文主义者。

　　19 岁那年，委拉斯开兹就已经成了一个非常出色的画家。促进他的绘画艺术走向成熟的主要是塞维利亚普通民众的生活。当时，"波德格涅斯风格"（也就是西班牙的卡拉瓦乔主义，"波德格涅斯"意为"小酒馆"）在塞维利亚盛行，一些古典主义理论家对描绘下层百姓生活的风俗画不屑一顾，嘲讽这些作品为"波德格涅斯的绘画"。委拉斯开兹并未受到这种潮流的影响，他经常接触一些老人、小孩、妇女、流浪汉等下层民众，并且用绘画来描绘他们，将他们丰富的内心世界展示出来。

　　1622 年，委拉斯开兹来到马德里，西班牙国王菲利普四世非常欣赏他的才华，任命他为宫廷画家，那一年他只有 24 岁。在此后将近 40 年里，他一直担任菲利普四世的宫廷画家，直到去世。虽然身为宫廷画家，平时主要与国王及贵族接触，但是他始终没有忘记自己的平民本色。在他看来，只有普通人民才能孕育出"美"和健康的力量，因此他总会以普通百姓的立场去观察现实。

在委拉斯开兹 29 岁那年，佛兰德斯绘画大师鲁本斯来到西班牙王宫，他们两个人虽然年纪相差 22 岁，但一见如故，结成了忘年交。鲁本斯非常欣赏委拉斯开兹的绘画才能，建议国王让他去意大利游学，见识一下意大利文艺复兴时期绘画大师们的成就。菲利普四世欣然同意。于是，委拉斯开兹便去了意大利。他先来到了威尼斯，对丁托列托和提香的作品进行研究，后来又前往那不勒斯，与里贝拉进行交流，两年后才回到马德里。此次意大利之行对他来说意义重大，他的那些真正的杰作都是在他从意大利回国后完成的。

1649 年，50 岁的委拉斯开兹再次前往意大利，并在那里停留了一年。1660 年 8 月，他因病在马德里去世。

委拉斯开兹是一位非常伟大的画家，一生创作了大量杰出的作品，拓宽了 17 世纪现实主义的艺术道路。在一生的创作中，他一直坚持写实主义传统，因为在他眼里，只有坚持这一传统才能创作出伟大的作品。他还是一位带有批判色彩的画家，这在 17 世纪的画坛并不多见。他对绘画技法进行了革新，在光与色的结合上取得了令人瞩目的成就。

在委拉斯开兹众多作品之中，《宫娥》（图 37 ）与《教皇英诺森十世肖像》具有极强的代表性，能够充分地反映他的绘画风格和艺术成就。

《宫娥》是委拉斯开兹创作的一幅描绘宫廷贵族生活的作品。它真实地展现了在各种礼仪的约束下，生活在宫廷里的人们极度苦闷的内心世界。

这幅画虽然是肖像画，但具有风俗画的特色，将宫中的日常生活呈现了出来。站在画面中央的那个小女孩是公主，她的左右两侧各有一个宫娥。左边的宫娥跪在地上，正把食物放进公主的手里；右边的宫娥站在那里，手里提着裙子的下摆，做行礼状，她正在教授公主提裙礼。在她们身边有两名女仆，女仆正在谈论着什么；在她们身前，则有一个男孩和一个侏儒，他们并不是画家凭空捏造出来的，而是确有其人。另外，站在画板后方，左手拿着画板，右手拿着画笔的那个男人，就是画家本人。他把自己也画到了这幅作

【图37】 ［西班牙］委拉斯开兹《官娥》

品中。画面中的主要人物都面对观众，好像画外有什么东西吸引着他们。在画面后方的墙上挂着一面镜子，镜子里反射出的是国王和王后的形象。也许正是他们的到来，才吸引了正在为公主画像的画家和其他人。

这幅作品展现了生活在皇宫中的人们的日常生活，同时也让人们知道，生活在皇宫里的人并非人们想象的那样无忧无虑，由于受到各种繁文缛节的约束，即使是天真无邪的小公主，也必须像大人那样摆出一副高贵、矜持的姿态。

通过这幅作品可以看出，画家对宫廷肖像画进行了大胆的创新，在构图上，画家把国王和王后摆在了并不重要的位置上，而且画面中的人物都保持着自然的姿态，并不像传统宫廷肖像画那样整齐地排列在一起。

另外，画家对于细节的处理也非常出色，通过技术化的处理，让简单的物体具有极强的表现力。这一点从画中人物身上穿的丝质衣裙、小公主那柔顺的金色头发就可以看出来。画家在用光方面也做得非常出色，从门和侧面窗户里射进来的光均匀地分布在室内的每一个角落。

《教皇英诺森十世肖像》是委拉斯开兹第二次去意大利时为教皇所画的肖像画。它是一幅表现人物性格的肖像画，被称作 17 世纪欧洲绘画艺术中最出色的现实主义绘画。这部作品问世后，在罗马立即引起了轰动，画家也因此成为意大利、西班牙等地人尽皆知的绘画大师。西方的评论家曾这样评价过这部作品："欧洲所有大师的肖像画都非常出色，而只有委拉斯开兹的这幅与众不同，它不是肖像画，而是教皇本人。"

为了突出人物的个性，画家在构图和人物的动作安排上都用心良苦。76岁的教皇端坐在宝座上，双手搭在宝座的把手上，在他那保养得很好的右手上戴着一枚巨大的宝石戒指，他的左手捏着一张白纸，那是教皇的敕令，是他身份的象征。

在这部作品中，画家通过对教皇那冷峻的目光、略显肥厚的鹰钩鼻子、紧紧闭着的嘴唇以及稀疏的胡须等细节的刻画，展现出了他阴险、狡诈的性格特点。对于教皇放在宝座把手上的手，画家也进行了重点刻画。这双手显得分外软弱无力，它们与教皇脸上的表情形成了强烈的对比，使得人物形象极具特色。在色彩的运用上，这部作品也有令人称道之处：教皇身上那橘红色的上衣与白色的长裙形成了强烈的对比，表现出了宗教特有的庄严气氛，从而突出了人物脸部与手部的光彩，让观众把注意力更多地放在人物的脸部与手部。

画家本想把教皇画成仁慈的上帝的化身，可是他那现实主义手法及写实风格，不但没有美化教皇，还让人们看到了教皇那阴险毒辣、色厉内荏的形象。

据说，教皇本人看过这幅作品后，情不自禁地说："画得太像了！"后来，他派人把这幅画摆在大厅中央。一位主教经过大厅时，从垂帘缝隙里看过这幅画，误以为教皇本人就坐在大厅里，于是立即对身边的人说："不要大声讲话，教皇就坐在大厅里。"

这幅画不仅使委拉斯开兹赢得了名望，还使他被接纳为罗马画院的院士。在当时来说，这是画家梦寐以求的荣誉。

一幅难以读懂的画

16 世纪的法国充满了战争和动乱，因此文艺复兴运动在法国没有发展起来。进入 17 世纪后，法国成了一个统一的国家，经济的发展为文化艺术的繁荣奠定了物质基础，法国逐渐成为当时欧洲的文化艺术中心。法国人把 17 世纪称作"伟大的世纪"。

尼古拉斯·普桑是 17 世纪法国古典主义绘画的奠基人，被称作"法国近代绘画之父"。

普桑出生于法国西部诺曼底莱桑德利的一个贫困家庭，是家里的独生子。他的父亲希望他能够当一名律师，可是他对绘画产生了浓厚的兴趣。他年轻时曾对希腊、罗马的文学艺术进行过深入的研究，掌握了文艺复兴时期艺术大师们的各种理论，受此影响，他逐渐接受了古典艺术理论。18 岁那年，他结识了画家昆廷·瓦连，学习绘画的决心变得更加坚定；30 岁那年，他结识了意大利诗人马里诺，受到马里诺的影响，他前往意大利罗马，认真研究古罗马艺术和拉斐尔的作品，并一直居住在那里；36 岁那年，他得了一场大病，病好后与面包师的女儿结婚；46 岁那年，他受到法国国王路易十三和首相黎塞留的邀请，回到巴黎担任宫廷画师；1642 年，他请假回到罗马，开始过自由自在的生活，直到 1665 年去世。

普桑是一个愤世嫉俗的画家，对社会上存在的所有非理性和丑恶的现象都无法容忍，尽管他并未直接用作品将这些丑恶的现象揭露出来，而是采用

【图38】 ［法］普桑《阿卡迪亚的牧人》

极具寓意的古典艺术手法去表现这一切，但这并不影响他的作品的积极意义。他的作品主要取材于神话、历史、宗教和文学故事，采用情景交融的手法，表现出深刻的寓意。他对风景的描绘自然而含蓄，充满了田园诗般的抒情味道。他的代表作品有《诗人的灵感》、《阿卡迪亚的牧人》(图38)、《台阶上的圣母》、《摩西遇救》等。

　　《阿卡迪亚的牧人》是普桑的代表作之一，也是绘画史上最让人难以理解的作品之一。阿卡迪亚原本是古希腊伯罗奔尼撒中部的一个城邦，文艺复兴时期，诗人们将它描绘成理想的幸福乐园、一片世外桃源式的"乐土"。

　　画面展现的是：在一片宁静的旷野上，三个年轻的牧人和一个少妇发现了一块墓碑，上面刻有古希腊文字："即便是在阿卡迪亚，我依然存在。"一个身穿蓝色长袍的牧人跪在地上，正在努力辨认墓碑上的文字。他们像哲学家那样，认真地探讨着生与死这个古老的话题。三个牧人各有自己的看法：一个说生命就像浮云一样转瞬即逝；一个说生命虽然短暂，但可以依附精神而永远存在；一个说生命就是生命。那个穿着古希腊服装的少妇安静地站在牧人身边，她是造化和自然的象征，一边在安慰年轻的牧人，一边像哲人那样在对生与死进行思考。在他们身后，则是一派优美的自然风景。从整体来看，画面中的人物或立或跪，环形的构图把人体与优美的风景组合在一起，构成了非常和谐的画面。

第四章

洛可可与新古典：
从精致甜美到简约壮美

（18世纪）

　　进入18世纪，富丽堂皇的巴洛克艺术在法国盛极而衰，国王贵族们知道自己大势已去，便更加疯狂地享受最后的奢靡浮华——洛可可风格就在这时产生了。18世纪后期，随着启蒙运动和法国大革命的到来，人们开始厌倦了巴洛克、洛可可追求奢侈华丽的艺术风格，再次把目光投向古希腊罗马的古典艺术，找回理性，重新书写英雄史诗。

【图 39】 ［法］华托《舟发西苔岛》

穷画家的"富贵温柔乡"

　　让－安东尼·华托于 1684 年出生在法国北部的瓦伦辛城，父亲是一名普通的烧瓦工人，因此家境并不富裕。然而贫寒的经济状况并没有阻止华托追求绘画艺术的脚步。早年，他跟当地画家热林学画，18 岁时移居巴黎，又先后师从画家基罗特，以及版画家和装饰画家奥德朗。这两位画家都是洛可可艺术的先驱人物，直接对华托的画风产生了影响。不过，对华托影响最大的是鲁本斯和提香的艺术创作。

　　华托的作品既突破了路易十四时期的古典主义约束，又挣脱了宗教神话题材的束缚，他是一位通过对真实生活的描绘抒发情感的画家，他的很多作品都是描绘贵族男女游玩闲逛、谈情说爱、载歌载舞等一系列休闲生活的情景，只是画中的人物都略带忧郁的神情，显得内心世界空虚而寂寞。

　　《舟发西苔岛》（图 39）就是这样一幅抒发情感的作品，创作灵感来源于喜剧《三姐妹》。华托在 26 岁时先画了一幅草图，几年后又修改并完成了作品《舟发西苔岛》。西苔岛是希腊神话中爱神与诗神最钟爱的一座美丽小岛。图中的一群贵族男女对心中幻想的、充满无限美好的地方梦寐以求，他们希望去一座能无忧无虑追求幸福的小岛，而西苔岛就是他们心中的理想乐园，于是他们就成群结伴准备出发前往。画家在构图上很有创意，用写实的手法表现近景和人物，再用抽象与虚幻的手法描绘远景，这种真实与虚幻的景色相互照应的技法，形象地创造出人类向往的世外桃源。

　　画中人物组合也充满了诗情画意。画面从左到右，每对男女都展现出不同的神态动作，先用言语打动对方，两方出现对立，互不相让，接下来就开始自我反思，最后到欣然接受对方，这与恋爱过程中的各个阶段相符。画面上的景物充满舞台装饰感，人物服装与体态也有舞台表演痕迹，但作品散发出的浓郁情感，确实是真实生活的反映。

　　《舟发西苔岛》一经出现，就获得了社会的多方好评，华托在巴黎画坛的名声越来越大，被法兰西艺术学院授予院士称号，从此他的生活逐渐趋于稳定，并于晚年创作了《热尔尚画店》。

　　《热尔尚画店》以写实手法记录了一家真实的画店。画店的墙上挂满了名家作品，有鲁本斯的，还有凡·代克的。华托观察细致，刻画生动，把这些名作模仿得十分逼真。画面中的情节看似普通，却清晰地反映了当时的社会现象。右侧中间有两位青年人在裸体女性画前饶有兴趣地观看，表现出贵族的审美眼光与内在的精神境界。作品左边画了一名工人，他正在往箱子里装一幅画。这是路易十四的肖像画，画店不再把这幅作品挂在墙上展示，说明当时的法国已经不在路易十四的统治之下。作品中还有几对恋爱中的贵族男女，他们手牵手在画店中观赏。

　　《热尔尚画店》是华托为了报答热尔尚先生的相助之恩而创作的。当时，他刚到巴黎，身无分文，没有一件像样的衣服。正在饥寒交迫、走投无路的时候，画商热尔尚先生向他伸出援助之手，为华托找了一个安身之处，还让他在画店工作。华托成名后，难忘热尔尚的恩情，将这幅作品送给他，作为店面装饰。

　　整幅作品色泽饱满，璀璨夺目。画家利用最好的颜料，通过高超的光线技术，加强了明暗色调的处理，人物衣着富贵华丽，色彩鲜明，空间纵深感强烈，再加上完美的构图，真实反映了画家个人的心理追求与时代的艺术特色。

　　华托虽然一辈子没过上几天好日子，但在他的画作中，你是看不到穷人的，在那里只有光鲜亮丽、优雅美丽的青年男女，他们不用为生计发愁，只需享受人生——跳舞、玩乐、聚会，似乎人生本来就是无忧无虑的。也许，在华托的心里，这就是他为自己设计的"温柔富贵乡"吧。

布歇，洛可可的代言人

弗朗索瓦·布歇出生于巴黎的一个艺术家庭，父亲是图案画家。由于从小受父亲的熏陶与教育，布歇很早就在绘画领域崭露头角。20岁时，他获得美术学院展览会一等奖，之后便去意大利留学，专心研究美术创作。回到巴黎后，布歇的画工显著提高，名声大振，受到高级场所人士的接待与赞誉。

布歇最常去的地方是沙龙。沙龙在路易王朝统治时期是贵族妇女们谈论艺术、品评文学的高级场所，很多学者、诗人以能出入此地为荣。布歇来到这里，认识了很多有地位的人，其中包括蓬巴杜夫人。

蓬巴杜夫人原名是让娜-安托瓦妮特·普瓦松，在巴黎社交界很有名气，极受路易十五的垂青，后来被封为"蓬巴杜侯爵夫人"。蓬巴杜工于心计，她常奉承宫中权贵，尤其是王后玛丽，因此很快就在宫廷中占据了相当有利的地位。

蓬巴杜夫人非常赏识布歇的才艺，并为布歇提供了很多帮助。布歇则为蓬巴杜夫人设计宫廷服装与服饰，他设计的图案新颖别致，不但蓬巴杜夫人喜欢，就连其他宫廷贵妇也纷纷模仿与追随。布歇还为蓬巴杜夫人画像（图40）。在布歇的笔下，蓬巴杜夫人已经不是住在普通房间靠取悦玛丽为生的女人，她已经成功地跻身于宫廷权贵行列。蓬巴杜夫人本身容貌娇美，在布歇的美化下更显得国色天香。她身材偏瘦，在当时的洛可可时代是一种美的象征。她身姿挺拔，有一种"高高在上"的感觉，与当时的身份十分相符，再

【图40】 ［法］布歇《蓬巴杜夫人》

【图 41】　［法］布歇《垂钓》

加上华丽的衣着、细腻明朗的色彩，以及超强的光泽感，使人物看起来更具古典美。

　　为迎合王公贵族们的欣赏品味，布歇还常以女神沐浴、梳妆一类的题材入画。贵族人物的生活形象被刻画得淋漓尽致。《浴后的狄安娜》就是这类作品的代表之一。

　　《浴后的狄安娜》描绘了两个裸体女神。右边的是狄安娜，在希腊神话中也叫阿尔忒弥斯，她是奥林匹斯山上的月神与狩猎女神，是母性与贞洁的代表。她额头上画有月亮装饰物，地下四处堆放着一些猎物和弓箭，反映出她的职责。左下角还画有两只猎狗，暴露出她性格中残忍的一面，不过这些只是构图上的刻意安排。画家的真正目的不是描绘女神，而是为美丽的裸体女性赋予神性。

　　布歇将洛可可风格发挥到了极致，说他是"洛可可的代言人"也不夸张。

他的画充满装饰韵味，色调偏冷，人物高雅而缺少亲切感，最大程度地还原了贵族妇女高冷优雅的气质，所以他的画在贵族圈备受追捧。但当时的法国已经进入启蒙时代，崇尚平等与人性的美学思潮正在萌芽，布歇的画作在当时的知识分子们看来，空有技巧，毫无内涵，一味满足贵族的低级品味。而随着法国大革命的到来、贵族阶层的没落，洛可可风格也随之消失不见了。

布歇画中的"中国风"

布歇生活的18世纪，正是地理大发现后东西方文明交流的"蜜月期"。随着西方商人将中国的丝绸、瓷器、茶叶源源不断地运到欧洲以满足贵族的需求，中国文化元素也开始风靡，上流社会刮起了"中国风"。作为宫廷的御用画家，布歇当然敏锐地察觉了这一点。虽然他从没到过中国，却从来自中国的商品以及印在上面的图画中汲取灵感，加上自己的想象，创作了许多具有中国元素的绘画（图41）。虽然这些画里的人"不中不洋"，却极大地满足了法国贵族的猎奇心理，成为他们争相购买的奇货。法国国王路易十五还曾让布歇设计送给中国乾隆皇帝的壁毯，作为国礼。

一条鱼，一个世界

让·西梅翁·夏尔丹于 1699 年出生于巴黎，父亲是制造台球桌的木工。夏尔丹几乎一生都在这座城市中度过，先跟几个历史画家学作画，后来成为圣吕克学院的教师。

夏尔丹的创作总与生活中最普通的事物紧密联系在一起，这可能是因为他出身于普通人家。他对荷兰画家维米尔的作品情有独钟，因为维米尔的作品也常取材于市民生活，给人带来温馨、舒适的感受。

1728 年，夏尔丹以静物作品《鳐鱼》（图 42）和《冷餐台》作为入会作品，成功地荣升为皇家绘画和雕塑学会的成员，作品《鳐鱼》更让他获得了美术院士的光荣称号。

《鳐鱼》描绘了厨房一角的景象：案台上堆满了杂物，有水罐、酒瓶、锅铲等用具，还有大葱、海鲜等食物；中间显著的位置上挂着一条很大的鳐鱼，把猫都吸引过来了，猫贪婪地望着这些食物。

画面中的物体以静态的形式呈现，让人看上去一目了然。夏尔丹不但重视外形刻画，更重视色彩运用。他在用色上有时层层铺，有时涂得厚重，使物体看上去像浮雕，生动而逼真。更重要的是，他在作品中投入了很深的情感，把自己的内心世界毫无保留地展示给了观众。

曾经有位画家说夏尔丹在用色上十分巧妙。夏尔丹听后不但不高兴，反而告诉他自己从不用颜色作画，颜色虽然重要，但在画中融入感情犹如锦上

【图42】 ［法］夏尔丹《鳐鱼》

添花。夏尔丹就是善于投入感情的画家，即使把同样的东西画上三五回，每一回都能呈现出不一样的意境，原因就在于他每次表达的感情不同。他的《鳐鱼》就是这样借画抒情的作品。

夏尔丹的作品多以市民生活为题材，重视构图的和谐统一与光色的柔和转换，还重视人物的神态与内心世界。他喜爱描画室内静物，如瓜果蔬菜、锅碗瓢勺，这些题材都与人们的生活息息相关，因此带有十足的亲切感，并与人们热爱生活的情感产生共鸣。类似的作品还有《纸牌屋》《葡萄与石榴》等。

夏尔丹这种朴素真挚的画风来源于他的不懈努力。尽管他早期以静物画出名，到了后期却开始转向肖像画。作品主题仍来自于普通家庭，只不过把普通的物体换为普通的人，如儿童及厨房女佣等。

《午餐前的祈祷》记录了欧洲家庭吃饭前的一种习俗。所有人都要先做一番祷告，再开始用餐，这是人们生活中常见的场景。画家用褐色做主色调，再加入棕红、深蓝、白等颜色，明暗形成鲜明对比。人物形象朴实自然，把一个普通家庭和谐温馨的祈祷场面描绘得极其到位，真正实现了情景交融的艺术效果。狄德罗在观赏夏尔丹的画时说："读别人的画我们需要一双训练过的眼睛，看夏尔丹的画，我们只需保持自然给我们的眼睛。"这幅画就是如此，就连国王路易十五看到这幅画时，都目不转睛地细细品味，大概他能从这朴实无华的生活中品味出一些人生真谛。

1756年，夏尔丹又开始了静物创作。由于视力下降，他改油画为粉笔画。在他的粉笔画中，色彩一般都是温暖的土壤颜色，尽管颜色不够丰富鲜艳，但光线采用散射的方式，人物轮廓和质感都有很大的改观，因此受到社会的广泛好评。

《戴眼罩的自画像》是夏尔丹79岁时创作的，是个人形象的真实记录，既没有美化，也没有丑化的痕迹。在他的黑框眼镜下，我们看到他那炯炯有神的双目中流露出的平静、从容与自信。他外貌平凡，但内心坚定，这使我们不由得把他与作品联系起来。

"盗版克星" 贺加斯

18 世纪以前，英国还没有自己的绘画流派，就连英国的宫廷画师也主要由佛兰德斯和德国的画家担任。但是，由外国人担任英国宫廷画师，却对英国本土画家产生了巨大的影响，极大地促进了英国绘画的发展。其中，16 世纪的德国画家荷尔拜因对英国肖像画艺术的发展产生了巨大的影响，17 世纪被聘请为英国宫廷画师的佛兰德斯画家凡·代克更是奠定了英国肖像画的基础，而鲁本斯也在英国留下了不少杰作。

威廉·贺加斯是 18 世纪著名的英国画家，同时，他也是著名的讽刺画家和欧洲连环漫画的先驱。贺加斯是英国第一位名扬欧洲的民族画家，被称为"英国绘画之父"。

贺加斯于 1697 年 11 月 10 日出生在英国伦敦附近的一个贫穷的教师家庭，15 岁的时候被送到了一位金银雕刻家的门下学艺，并顺利掌握了金属雕刻技术。1720 年贺加斯开始独立创业，专营雕刻技艺并成为铜版画家。

贺加斯曾经受到过法国启蒙主义思想的影响，具有民主意识，心存整个社会和人民大众，因此他的作品大部分都是为了揭露社会中的丑恶和宣传伦理道德观念。他的代表作包括《时髦婚姻》（图 43）、《卖虾姑娘》、《方丹家族》、《赫维勋爵和朋友们》、《玛丽·爱德华兹小姐》等。其中，《卖虾姑娘》是 18 世纪上半期英国新风格肖像画的里程碑。更重要的一点是，贺加斯的尖锐讽刺画揭露了英国贵族上流社会的丑恶腐朽，有力地推动了英国的民主主义

【图 43】　［英］贺加斯《时髦婚姻》（局部）

启蒙思想的发展。

　　贺加斯的组画《时髦婚姻》用一系列的情节和高超的讽刺手法表达出了他对当时社会状况的揭露和嘲弄，是他最具代表性的作品之一，其中包含的六幅作品既各自独立又相互连接构成一种情节的转变。18世纪的英国，资本主义化贵族的政治和经济实力由于圈地运动的发展大为增强，土地越来越成为政治权力的基础。资产阶级中的大部分是以普通商人、手工工场主等为主体的中产阶级，他们感到自己享有的权力与经济实力越来越不相称，追求更大的政治权力已成为这个阶级坚定不移的政治目标，而英国贵族地主阶级仍是政治上的统治阶级，主宰政治生活。于是他们希望利用联姻的方式来提升家族的政治地位。此组绘画正是描绘了一个资产阶级商人的女儿和一个没落贵族的儿子之间不幸的婚姻，反映出当时英国社会一些新兴资产阶级对贵族的身世十分羡慕，往往利用子女的买卖婚姻来实现个人目的的现象。

这套组画可以说是当时英国社会的一面镜子，在英国广受欢迎，《时髦婚姻》表现了浮华生活的无聊与庸俗，讽刺了这种所谓的"上流社会的结合方式"。在艺术史上，人们通常把《时髦婚姻》看作漫画的雏形，把贺加斯称作"最早的漫画家"。

"贺加斯法"

贺加斯不仅画画得好，还是世界上第一个运用法律武器捍卫自己利益的画家。

贺加斯的第一套版画《荡女历程》大卖后，他又陆续创作了《浪子生涯》《时髦婚姻》等系列作品，都取得了非常好的销量，一时之间"洛阳纸贵"。接连的成功引得市面上出现了大量盗版，这让贺加斯意识到维护著作权的必要性。于是他呼吁政府制定新的法律，以遏制他人对其作品的盗用。他的努力没有白费，1735年，英国议会通过了"贺加斯法"，禁止任何人未经许可出售他人版画仿制品的行为，版画家对其作品拥有14年的独占权。至此，知识产权的观念和制度得以确立。

角色扮演，雷诺兹的"秘密武器"

雷诺兹是 18 世纪英国伟大的学院派肖像画家和油画画家。

1723 年 7 月，雷诺兹出生在英格兰西部的普利茅斯军港附近的一个教士家庭中，从小就酷爱绘画。随后他跟随一位肖像画家学习绘画，1744 年进入圣马丁的莱恩学院学习，1766 年创作了第一幅重要作品《约翰·汉密尔顿上尉像》。他特别喜爱米开朗琪罗的作品，曾经在意大利的罗马、佛罗伦萨和威尼斯等地游历，却由于患上感冒而导致双耳失聪。30 岁时，雷诺兹回到了伦敦，1768 年创办了英国皇家美术学院，并担任首任院长。1769 年，雷诺兹被授予爵士头衔，成为英国历史上第一个被授予贵族头衔的艺术家。

雷诺兹的作品深受意大利绘画风格的影响。他希望能够根据古典传统用庄重风格表现严肃题材，因此他更倾向于创作历史画。可现实的情况使他无法以历史画谋生，他只得用大部分精力绘制社会需要的肖像画，尤其善画女人和小孩。

从古典艺术中汲取灵感，发展英国本土的历史画，一直是雷诺兹的梦想。因此，他在肖像画中把现实人物肖像画与历史画结合，创立了一种"高雅肖像画"——让人物穿着古典神话人物的服装，扮演历史人物。《蒙哥马利爵士的三个女儿》(图 44) 就是这种"高雅肖像画"的代表作。在这幅画里，蒙哥马利的三个女儿被打扮成了婚姻之神许墨奈俄斯的侍女美惠三女神。这幅作品是中间那位少女的未婚夫为他们的婚礼专门订制的，而雷诺兹用这一典

【图 44】 ［英］雷诺兹《蒙哥马利爵士的三个女儿》

故暗示出这一肖像画的意义，同时又用这种特殊的形象处理使肖像画具有了"高级艺术"的地位。这种表现方法深得顾主的欢心。贵族少女以古代女神的形象出现，在婚姻女神的胸像上装饰鲜花花环，表现她们对未来婚姻生活的憧憬，这种神话化的处理使这幅画远比一般的肖像画更富有诗意。

《装扮成悲剧女神的西顿夫人像》显然经过精心的构图安排，这位夫人身着庄重的长袍坐在宝座上，她双眉微蹙，仰头遐思，背景伴有神话中的人物，仿佛正在演出一幕古典正剧。整幅画有古典绘画的褐色调子和典雅宏大的气魄，也有相当明显的理想化处理痕迹。

雷诺兹的肖像画具有一种被称为"奶油般丰美"的华贵色彩。这种风格使雷诺兹的作品不同于同时代的任何画作。

婚姻之神与美惠三女神

在古希腊神话中，婚姻之神许墨奈俄斯是酒神狄俄尼索斯与爱神阿佛洛狄忒的儿子。他是一个样貌英俊的青年人，总是身披鲜花制成的衣服，手持象征爱情的火炬，张开雪白的翅膀，飞在迎亲队伍的前方。古希腊人相信，如果凡人举行婚礼的时候不邀请他到场，婚姻就会不幸。古希腊人在举行婚礼时，姑娘们会在合唱中大声呼喊他的名字，祈祷他给新人带来幸福。

美惠三女神是宙斯的第三个妻子大洋神女欧律诺墨所生的三个女儿，她们分别是代表光辉的阿格莱亚、代表快乐的欧佛洛绪涅，以及代表鲜花盛放的塔利亚。她们是爱神阿佛洛狄忒的随从，代表着世间一切美好的事物。她们走到哪里，就为哪里带去欢乐。

【图 45】 ［英］庚斯博罗《蓝衣少年》

要面包，还是理想？

　　托马斯·庚斯博罗于 1727 年出生在英国萨福克郡东南部的萨德伯里。萨德伯里是萨福克郡比较有名的商业都市，当地的毛织品工业最为发达。庚斯博罗的父亲约翰是成功的毛织品商人，母亲梅亚莉巴洛是一位静物画家，因此家中经济条件良好，艺术氛围也比较浓厚。

　　庚斯博罗早在孩提时代就显示出与众不同的绘画天赋。他曾准确地画出果园内偷梨的小偷，成功帮助政府和居民侦破了偷盗案。读中学时，他还经常以生病为由，偷跑到学校附近的郊外写生。据说，他经过长期观察，能将方圆几英里内看到的树林、木屋、道路、篱笆等物的外观铭记在心，并丝毫不差地画在纸上。庚斯博罗的父母将这一切看在眼里，认定他有出众的艺术天赋，于是在他 13 岁的时候，便把他送到伦敦学习。

　　庚斯博罗画人物肖像前，先要准确快速获取对方的特点，然后再运用松散的笔触与色彩的交织，为作品营造出一种新鲜的感觉。他的作品是凭直觉即兴发挥而来的，既不像古罗马艺术那样追求庄严肃穆的表现形式，也不像贺加斯那样注重画面的情节与教育意义，而是一种不拘一格、充满激情的表现形式，令人耳目一新。

　　《蓝衣少年》（图 45）是庚斯博罗肖像画的杰出代表作之一。本来，他从没有想过要画一幅以蓝色为主色调的作品，还是著名画家雷诺兹激起了他的创作想法。庚斯博罗曾经到雷诺兹的学院听课，雷诺兹的一个观点对庚斯博罗触动很大。雷诺兹在授课时说，冷色调是不能多用的，特别是蓝色，而庚斯博罗本身就喜欢追求新鲜，于是他坚持要画一幅以蓝色为主色调的作品。

为此，庚斯博罗特地邀请了一位工场主的儿子穿上蓝色衣服当模特，他把大片的蓝色涂抹在画中，并添加了淡黄、淡红的暖色调，再运用一些技巧，使冰冷的蓝色一下就变成顺滑得如同绸缎一般的蓝色。这种蓝色活泼、灵动，多处用高光，衣纹富有变化，再配上蓝灰、黄灰、红灰调和而成的背景，使人看后不但没有不适感，反而觉得绚烂神奇。

庚斯博罗虽然以肖像画闻名于世，但他最热衷的其实不是肖像画，而是风景画。早在 1745 年，他结束了美术学校的课程并建立了自己的画室后便开始以创作风景画为生。他曾在伦敦的一次拍卖会上见识了 17 世纪荷兰风景画大师罗伊斯达尔和韦南特斯的作品，并被它们深深吸引，开始疯狂地模仿起来。可是，风景画在当时的欧洲并不流行，被看成是低下的艺术类型。庚斯博罗也很快意识到这一点，于是他把很多作品都以较低的价格卖给了画商。直到他的父亲去世，他才又重新开始了风景画创作。他的风景画作品有《赶集的马车》等。但是风景画在市场上的需求量仍然少得出奇，再加上他不肯从顾客欣赏的角度出发去进行创作，因此买画的顾客越来越少，他再次以失败告终，只得重操旧业画起了肖像画。

庚斯博罗来到温泉疗养胜地巴斯，他在这里因画肖像画而一夜成名。他接触到拥有较高社会地位的客户，如富翁、官员以及各行业的名流。庚斯博罗为这些人士画肖像画，赚取了不少报酬，社会地位与知名度都有了显著的提高。不久，他便受邀成为皇家艺术学院的第一批成员之一。

提埃坡罗，意大利的"洛可可之光"

乔凡尼·巴蒂斯塔·提埃坡罗于 1696 年出生在威尼斯的一个商人家庭，少年时，他跟随画家拉扎里尼在作坊中学画。拉扎里尼以米开朗琪罗和提香的作品为标准，画作具有极强的装饰风格。提埃坡罗深受老师的熏陶与影响，他的作品既有装饰风格，也不失奔放美丽。他的画工不久便超越了老师，成为威尼斯画派的杰出代表。

提埃坡罗不但在威尼斯一带进行艺术创作，还在意大利的许多其他城市绘制了富有想象力的装饰壁画。年少时的他与老师共同绘制威尼斯教堂壁画，成名后他又带着两个儿子一起为西班牙王廷进行壁画绘制。提埃坡罗的作品遍布欧洲各大宫殿、教堂、别墅，有些教堂因为有了他的壁画而名声远播，直到今天，我们打开旅游手册，仍能找到这个伟大艺术家的名字。

1750 年，提埃坡罗应邀到德国维尔茨堡创作壁画。在助手及两个儿子的陪同下，他在主教宫的前厅绘制了天顶画。该画用象征性手法表现了世界上四个大洲与各民族的特征：骑骆驼的妇女象征非洲；骑鳄鱼的妇女象征美洲；坐大理石宝座的妇女象征欧洲；骑大象的妇女象征亚洲。这部作品构图新颖，用色淡雅，充分展示了提埃坡罗的创新思维与高超画技。

此外，提埃坡罗还在主教宫的帝王大厅创作了以历史故事为题材的天顶画、壁画等。画面精妙出奇，层次富于变化，人物形象鲜明，成为欧洲绘画艺术史上难以超越的经典。

【图46】 ［意］提埃坡罗《圣母马利亚的教育》

作为一位杰出的画家，提埃坡罗作品的最大魅力在于构图奇特，色彩明亮，造型生动，他用丰富的想象力赋予画面极大的感染力。他喜用银色、淡红、金黄、铅灰、棕色等色调，在创作时自由地转换，使画面饱满而鲜明，如《马里尤斯的凯旋》《圣母马利亚的教育》（图46）、《花神的凯旋》《达那厄》等。

历来画家描绘圣母时，都喜欢展现她温柔贤良、年轻漂亮的一面，因为他们认为圣母是人类的母亲，即使受尽岁月的磨难也不应该丧失青春的容颜。而提埃坡罗在《圣母马利亚的教育》中将圣母描绘成了一位老人，她的丈夫约瑟是一位看起来又老又穷的牧民。画家这样描绘正是为了表现宗教人物鲜明的世俗感。画面人物走向自上而下，形成S形曲线，人物目光上下相互呼应。右侧光照加强，色泽富有变化，更显得背景处的建筑神圣而庄严。

如果说《圣母马利亚的教育》在风格上挣脱了束缚，那么提埃坡罗描绘的《达那厄》则在画法和意境上突破了传统。达那厄是古希腊神话中阿尔戈斯国王阿克里西俄斯与欧律狄刻的女儿，她本是禁闭在铜塔内的美丽少女，但在提埃坡罗的笔下，达那厄变成一位高大而又强悍的妇人。她身形彪悍，就像画家鲁本斯笔下的宗教人物形象。画中的宙斯也出现两种不同的形象，一个是偷偷揭去达那厄身上布单的美少年，还有一个是驾着云彩向下撒金币的天神形象。下边还有一个丑陋不堪的老妇，正等待着金币。这些人物目光相互呼应，情节紧密联系，在古罗马建筑背景的映衬下显得画面更为开阔。

提埃坡罗于1770年逝世于马德里，他一生创作题材丰富，除了宗教、神话、历史，还创作出很多幽默感十足的风俗画，如《走江湖的人》。此外，他还是一位非常有名的版画画家，他的版画作品风格独特，在欧洲艺术史上有相当重要的价值。

大卫，为英雄唱赞歌

　　大卫是法国大革命前后最杰出的新古典主义画家之一。

　　大卫于 1748 年出生在巴黎的一个中产阶级家庭，由于父亲长年经商，家境比较富裕。他最初跟随著名的洛可可画家布歇学习绘画，很快就在此方面显示出卓越的天赋。后经布歇推荐，他 18 岁来到皇家美术学院学习，并受到历史画家维恩的青睐。

　　1774 年，大卫从皇家美术学院毕业后荣获罗马大奖。罗马大奖是法国国家艺术奖学金，专门授予艺术学院最优秀的学生，让他们去罗马深造。就这样，大卫来到意大利，他被米开朗琪罗与拉斐尔的作品深深吸引。他认为意大利文艺复兴时期的古典艺术充满英雄主义与宁静均匀的美感，是画家们学习美术的最好开端，并能为画家提供取之不尽用之不竭的艺术源泉。

　　1780 年，大卫回到巴黎后就一直沉浸在古典主义中，加之受到启蒙主义者的影响，对封建王朝的腐朽与专制表现出极度不满。他开始创作历史题材的作品，除在风格与表现手法上模仿古人，还融进自己的思想情感，形成了新古典主义艺术。他的作品简练质朴，主题鲜明，借助高雅的人物造型与戏剧化的情节，反映出封建专政统治下的种种现状，如《荷拉斯兄弟宣誓》（图47）。

　　《荷拉斯兄弟宣誓》以古罗马建国史为题材，表现了荷拉斯兄弟为了民族与国家崛起，誓死奔赴前线为国出征的英雄主义情节。当时的古罗马还是共

【图47】　［法］大卫《荷拉斯兄弟宣誓》

和制国家，与邻国的古利茨亚人产生了矛盾。双方有联姻关系，但战争已不可避免，为了防止进一步的大规模厮杀，双方一致决定由各国选出三名勇士来一决高下，以此判定国家的输赢。荷拉斯是古罗马的一个家族，荷拉斯三兄弟即将为了国家的利益加入战争的行列。

　　画面中间，老荷拉斯高举宝剑，年轻强壮的荷拉斯三兄弟伸出右手向宝剑宣誓；右边是三兄弟的家属，她们忧心忡忡，伤心欲绝，那软弱无力的身躯与三兄弟坚毅硬朗的外表形成鲜明对比，深化了作品的主题思想。画家采用侧面描写，突出人物的心理活动。主要人物动作激昂，表情肃穆，再配上古罗马典型的建筑风格，更显出气氛的凝重与庄严。

　　1793年，路易十六的封建统治被法国资产阶级大革命推翻。大卫加入了

【图48】　［法］大卫《马拉之死》

资产阶级左翼的雅各宾党，并担任国民议会主席。同年，雅各宾派的领导人马拉被刺杀，大卫怀着悲愤的心情创作了《马拉之死》（图 48）。

马拉原本是医生，在革命初期，为了维护穷苦大众与农民的利益，创办了《人民之友报》。他在报纸上发表了很多关于人民痛苦生活的文章，深受人民爱戴。为了推进法国资产阶级革命的进程，他常常躲在地窖里工作。那里阴暗潮湿，他因此患上了皮肤病，每天不得不花费几个小时躺在浴缸中，一边治疗一边处理公务。马拉有卓越的领导才能，经他之手被送上断头台的敌人不计其数。夏洛蒂·科黛十分痛恨他，就以申请困难救济为名，潜入浴室，将其杀死在浴缸里。

整个画面不是画家的凭空幻想，而是通过许多线索和现实生活中对马拉的观察而创作出来的。据画家回忆，他与摩尔一起去探望马拉，现场的情形令他震惊。马拉身边放着一个木箱，上边有纸和墨水，即使在这样的情况下，他伸出的手中还紧握着为人民的幸福而写下的最后思想。画家认为以这样的写作姿态入画是最有意义的。

雅各宾派在革命中逐渐走向没落，大卫也被捕入狱。他的革命热情被扑灭了，转而怀疑革命的正义性，渴望法国能够尽快安定下来。就在这时，一个政治强人出现了，他就是拿破仑。而大卫就如同抓到了救命稻草一样，成为拿破仑的疯狂"粉丝"，为他画了一系列肖像，既有展现拿破仑英姿的《拿破仑越过阿尔卑斯山》，也有描绘拿破仑加冕法兰西帝国皇帝的《加冕式》（图 49）。但随着拿破仑的倒台，大卫也被迫逃亡国外，在布鲁塞尔度过余生。

【图49】 ［法］大卫《加冕式》

一幅画画了 26 年

安格尔是大卫的杰出弟子，也是法国新古典主义的代表画家。他的父亲约瑟夫·安格尔是蒙托邦皇家美术院的院士，母亲是宫廷假发师的女儿。受家庭艺术氛围的影响与熏陶，安格尔自幼对艺术产生了浓厚的兴趣，他 11 岁进入图卢兹学院学习美术，17 岁来到巴黎，师从古典主义大师大卫，之后以优异的成绩考入美术学院油画系。

安格尔学习刻苦认真，很快就成为一名优秀画家。他以独创的风格，成为"学院派"的领导人物，并引领法国画坛达半个世纪之久。他因创作《阿伽门农的使者》荣获罗马大奖，并到意大利游学长达 18 年。

《阿伽门农的使者》的创作灵感来源于荷马史诗《伊利亚特》第九卷的前言内容。在特洛伊战争中，希腊勇士阿基琉斯因与将领阿伽门农有意见分歧而退出了阵地。阿基琉斯的母亲忒提斯为帮助儿子恢复名誉，特意提出要为敌方领路。这样，如果希腊军失败了，就可以重新起用阿基琉斯。果然如忒提斯所料，希腊军战败后，阿伽门农立刻派使者去拜访阿基琉斯。

该画构图有条不紊，人物安排均匀得当，通过平衡竖直的线条把宿营地的设置表现出来。外边有一列士兵在活动，更远处有峰峦叠起的山脉。画中人物身材高大，肌肉强健，五官轮廓都很精致，画家利用了光的效果，更突出了人物的完美体态。

在意大利游学期间，安格尔深入研究了古罗马文艺复兴时期的大师名作，

【图50】　［法］安格尔《大宫女》

特别是拉斐尔的作品引起了他浓厚的兴趣，他甚至把拉斐尔的画风看得比老师大卫的还重要。在安格尔所处的时代，资产阶级革命已经完成，安格尔的作品已经远离大卫那种民主与人性、鞭策与鼓舞的表现形式，更注重追求外部造型上的美，这一点他是从拉斐尔那里学到的。但他并不是刻意模仿拉斐尔，而是将古典艺术与自然艺术相结合，创造出一种最单纯的美，例如作品《泉》。

《泉》始创于1830年，那时安格尔还在意大利佛罗伦萨逗留。历经26年之久，这部作品才得以完成，而他已是76岁高龄的老人了。安格尔把他所有对美的追求都表现在《泉》里。画面中的女人由内而外散发出的美感，是以往任何作品不能相媲美的。

安格尔把心中长期积累的古典美与真实少女的美完美结合，打造出如此纯真无邪、恬静柔和、精致灵动的西方少女，给人以无限的遐想空间。一位评论家说："这位少女是画家衰年艺术的产儿，她的美姿已超出了所有女性，她集中了她们各自的美于一身，形象更富生气也更理想化了。"

安格尔认为色彩是次要的，只要把线和形描绘得优美得当，就能开启一条通往心灵的道路，所以安格尔力求用最简练的线条表现出永恒的美，其中最杰出的代表作之一要属《大宫女》(图 50)。

画中，安格尔精心设计，使画面的比例与色彩搭配和谐。他放弃了很多烦琐的细节描绘，使人物处于一片宁静祥和的气氛之中。画中女性的身体被故意拉长，使之看起来纤细柔美。评论家德·凯拉特里曾对安格尔的学生说："他的这位宫女背部至少多了三节脊椎骨。"安格尔的学生阿莫里·杜瓦尔肯定了老师的画法。他认为正是因为这段修长的腰部，作品才能一下击中观众的心。假如人物身体比例绝对准确，那可能就达不到如此美妙的效果了。

画面色彩也有几处不足之处。蓝色背景映衬着鹅黄色肌肤，再配以粉红色色调，看起来似乎美得不协调，但我们不得不佩服画家坚持探索的巨大勇气。画中的宫女头戴土耳其围巾，手拿孔雀毛扇，手腕上和床上散落的饰品具有典型的土耳其特色，充分展现出异国女子的种种风情，为当时在战争中失利的法国人民带来视觉上的新体验。

戈雅，画家中的"莎士比亚"

　　弗朗西斯科·德·戈雅·卢西恩特斯是 18 世纪西班牙画坛出现的最伟大的现实主义画家之一。他于 1746 年出生在萨拉戈萨市附近的福恩特托多司村，父亲是一位祭坛镀金工匠，母亲的家庭是衰落的贵族。尽管家境贫穷，但萨拉戈萨强悍的城市风格，赋予了戈雅坚贞不屈的性格特征。

　　戈雅努力地把全部精力投入到美术学习与创作中，他于 1760 年在当地的画室学习绘画，后来在宫廷画家巴尤的影响下来到马德里，又随西班牙斗牛士前往意大利，参加了帕尔玛美术学院的绘画竞赛，并获得二等奖。1771 年，他返回西班牙，几年后成为西班牙的宫廷画家，并被授予皇家美术学院院士的光荣称号。

　　戈雅成名时期正是整个欧洲经历剧烈转变的时期，这一时期法国大革命把资产阶级革命推向新的高度，导致封建制度面临全面崩溃。作为封建制度的"最后一站"，西班牙内部政治动荡，政权腐败，人民群众生活在水深火热之中。在这样的社会背景下，戈雅的绘画艺术逐渐成熟，他的作品就像一面镜子，真实地呈现出时代的方方面面（图 51）。

　　戈雅的艺术作品既继承了西班牙艺术的优良传统，又把自己的艺术语言巧妙地融入其中，不但具有典型的民族特点，还成功地传递出时代的声音。意大利的美术史学家文杜里评价他说："戈雅是一个在理想方面和技法方面全部打破了十八世纪传统的画家和新传统的创造者，正如古希腊罗马的诗歌是

【图 51】 ［西班牙］戈雅《巨人》

从荷马开始的一样，近代绘画是从戈雅开始的。"

戈雅一生的绘画成就很高，而他最高的成就是肖像画。戈雅的肖像画能突破前人手法，以主观情感和态度为导向，赋予人物不同的情感类型与性格特色，既吸取了委拉斯开兹的现实主义传统，也形成了自己的独特风格，他的作品《画家巴尤像》《穿猎装的查理三世像》等就具有鲜明的艺术特征。

戈雅的另一类作品是专门描绘女子的，《裸体的玛哈》描绘了高度和谐的人体美，是对女性生命的高度赞扬。西班牙民间将自由奔放的女性通称为"玛哈"，她们是人类自由个性的象征。图中的玛哈面容美丽，姿态动人，正伸展着全身，躺在一张绿色的土耳其长椅上。她注视着外边的世界，脸上露出一丝令人很难理解的微笑。她神情坚定，无所畏惧，却又让人望而却步，整幅画面是一种理性与情感、欲望与世俗的矛盾较量，充满神奇的艺术感染力。

这部作品一经完成就成为社会的焦点。由于西班牙当时有严格的宗教制度，裸体像是不被允许的，戈雅能勇敢地向宗教挑战，确实有些特立独行，因此他很快受到追捕。戈雅听到风声，连夜又绘制了一幅《着衣的玛哈》（图52）。他用流畅细腻的笔触，为玛哈穿上轻盈柔和的服装，在暖色调的衬托下更显得洁白亮丽，是极具传奇性的一幅作品。

戈雅是历史上少有的敢于用作品挑战黑暗宗教统治的艺术家。他绘制了铜版组画作品，名为《狂想曲》，用批判性的手法揭露了宗教独裁者的虚伪残忍以及教徒们的愚昧无知，反映出人民群众在宗教统治下的苦难生活。

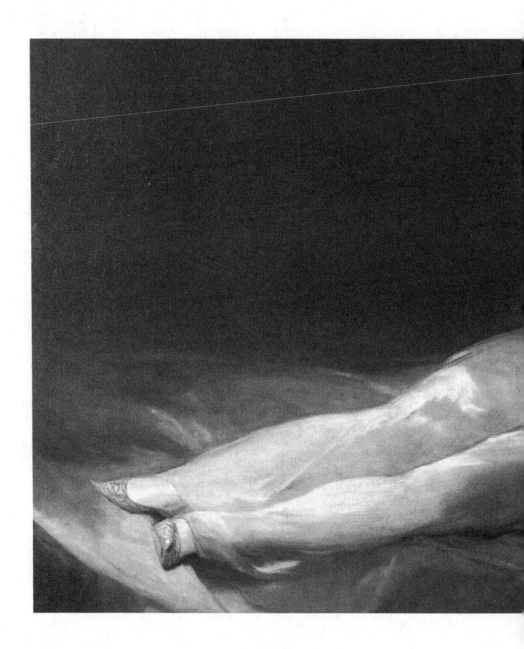

【图52】　［西班牙］戈雅《着衣的玛哈》

第五章

浪漫与现实:
传奇向左,平凡向右

（19世纪上半叶）

　　18世纪末19世纪初,随着法国大革命的爆发、波旁王朝复辟的影响,以及巴黎公社的革命运动的到来,绘画领域出现了旨在打破刻板教条的新古典主义规则、追求激情与感性的浪漫主义潮流。但当浪漫主义只满足于情绪的宣泄、感官的刺激时,倡导回归现实、反映当下民众生活的现实主义画派兴起。

【图 53】 〔法〕热里科《梅杜萨之筏》

热里科：吹响浪漫主义的号角

热里科是浪漫主义画派的开创者。他出生于法国里昂，15 岁随家人来到巴黎，从 1808 年开始，跟随画马名家韦尔内学画，两年后转入格罗的画室。格罗是古典派画家，而热里科作画常违背老师的"古典法规"，与他有些格格不入，因此被格罗看作是不能成大器的人。

但是热里科有他出色的一面。他从青年时就对马很感兴趣，常去观看赛马，并在马快速奔跑的过程中速写下马的姿态与气势。因为对马有出色的表现力，他的马画作品《轻骑兵军官》获得了金质奖章。不久，他画的《受伤的重骑兵》也在展览中获得好评。

他还勤于钻研，善于学习，因为喜欢米开朗琪罗的作品，就一心效法其风格，被人称为"法国的米开朗琪罗"。热里科常深入现实，理解与观察周围的生活。他博采众长，终于在继承前人的基础上，摆脱束缚，创造出属于自己的艺术新风。但不幸的是，一次意外坠马使这位伟大的艺术家英年早逝。

热里科的艺术生涯只有短短的十年，在这十年中，他创作出很多深入人心的作品，如《赛马》《奴隶市场》《伟大的英国》和《梅杜萨之筏》（图53）等。

《梅杜萨之筏》是热里科最著名的作品。这幅作品一经问世，立刻受到多方关注，被看成是浪漫主义艺术的代表作品。画面取材于法国当代的真实事件。1816 年，法国巡洋舰"梅杜萨号"开往西非的塞内加尔，在靠近非洲海岸一带时，碰上暗礁而沉没。政府任用的船长对航海知识一窍不通，还玩忽职守，他应该对这次灾难负全部责任。但是他为了保全性命，不顾船上 140 位水手的安危，与其他官员坐着救生船逃走了。剩余的船员仅靠一只木筏在海上漂流了 13 天，最终他们大多数没有逃脱死亡的魔爪，仅 10 人生还。

画家作此作品既暴露了法国政府的昏庸无能，也表达了对人类命运的关心，从人道主义上升到了政治层面。画中光和影对比强烈，场面令人悲痛。远方咆哮的海浪和层层翻滚而来的云雾更加强了画面的震撼力。画家突破了新古典主义静止、严肃的风格束缚，令人耳目一新。

画家为真实还原整个事件，着实下了一番苦功。他先阅读生还者记录的文字，在脑海中初步形成事件的现场画面，再请当事人就创作提出一些建设性意见。为真实描绘当时的情况，他来到医院观察人在垂死时的状态，为把死者在水中沉浮的色彩刻画逼真，他将解剖过的尸体泡在海中进行观察。他还请黄疸病人做模特，表现人在病态时身体的颜色。他甚至自己做了一只木筏，并亲自在海上漂流，来体会画面中呈现的紧张气氛。

在下笔之前他构思了很久，还画了多幅样图，直到描绘出船员遇难的紧张瞬间。画家刻意在木筏上画了一个风帆，让它迎风而动，把木筏向后拉，表现出一种紧张的气氛。死亡的船员横七竖八地躺在一起，生还的人正在大声地呼救呐喊，更把画面的触目惊心提升到一个新高度，充满浪漫主义色彩。

浪漫主义的狮子——德拉克洛瓦

　　德拉克洛瓦于 1798 年出生在法国马赛的一个富裕家庭。父亲曾担任外交部长、驻荷兰大使等职，母亲受过良好的音乐熏陶，从她身上散发出的艺术气息深深地影响了德拉克洛瓦。德拉克洛瓦喜欢南方阳光明媚的气候，因此，他的艺术作品常传递出强烈的阳光与激情，加之其喜爱诗歌与音乐，更加丰富了他绘画创作上的情感。

　　德拉克洛瓦先在热朗的画室学画，在那里认识了同学热里科。他努力学习热里科所重视的"现实远离古典"的风格，并且一有空就到卢浮宫感受鲁本斯、委罗奈塞等大师的艺术风范。

　　德拉克洛瓦还受到孟德斯鸠、卢梭等启蒙主义的思想影响。他崇拜雨果、拜伦，热爱莎士比亚、歌德，对革命的热情与浪漫主义式的幻想无法抑制。当他看到热里科的《梅杜萨之筏》时，被画面中悲剧性的力量深深吸引，创作出一幅"感同身受"的《但丁和维吉尔》。

　　《但丁和维吉尔》也叫《但丁和维吉尔共渡冥河》，是根据《神曲》地狱第八篇创作的。但丁在古罗马诗人维吉尔的引导下，乘坐渡船穿越地狱的斯蒂吉河。河面波涛汹涌，里面浸泡着的全是在人间罪行累累的灵魂。他们在河中呈现各种状态，有的通体伸展，有的愤怒咆哮，有的痛苦不堪，有的咬牙切齿。怒吼声、喘气声、呼救声充斥着整个河面。这些赤裸的身体向但丁的小船袭来。其中一个满头泥垢、表情愤怒的灵魂伸出双手，想爬上船，维

【图54】 ［法］德拉克洛瓦《自由引导人民》

吉尔一下就把他推了下去。他跟但丁说这里有许许多多的人生前自大妄为，没有慈悲怜悯之心，死后就像现在一样遭受报应，他们会一直在这里受苦受难，遗臭万年。

画面中颠簸的渡船，代表了人们被恐惧折磨的动荡的内心；灵魂的吼叫与挣扎，代表了人类面对死亡威胁的痛苦。画家利用色调的明暗反差突出主题，但丁与维吉尔的服装红绿结合，构成整个画面最亮丽的色彩，与乌云密布的天空与河中扭动的裸体人物形成强烈反差。

德拉克洛瓦的这部作品充满了浪漫主义特征。色彩浓重忧郁，人物形象恐怖，气氛紧张而刺激，给人带来强烈的视觉冲击与艺术感染力。画家构图用色大胆，有力打击了以古典主义为代表的学院派。

1824 年，德拉克洛瓦又创作了巨作《希奥岛的屠杀》。这幅作品一经出现就受到多方关注，把古典主义与浪漫主义的斗争提升到一个新的高度。

1822 年，土耳其以血腥的方式霸占了希腊的希奥岛。岛上有两万多人被屠杀，近五万人沦为奴隶。土耳其人的残忍与冷酷令整个欧洲震惊。欧洲的进步人士纷纷以各种方式对希腊进行声援。英国的拜伦直接加入支持希腊人民的斗争中，最后牺牲在战场上；贝多芬写过《雅典的废墟》，歌颂了希腊的民族解放运动；柏辽兹创作了大合唱《希腊革命》；德拉克洛瓦也满怀激动与同情的心情，画出这幅揭露土耳其残暴罪行的《希奥岛的屠杀》。

画面通过对几组人物不同形态的塑造，表现了经历土耳其的大肆掠夺，希腊人民痛苦不堪的生活状态。左边的一组男女老少手无寸铁，神色绝望，早已失去了反抗能力，坐在那里听天由命；前方坐着一位老妇，仰望上苍，希望得到上帝的指示与帮助；右下角一个少妇赤裸上身躺在地上，已经奄奄一息，而她的孩子却什么都不知道，还伏在她身上寻找母乳。这个情节令人震撼，更加突出了侵略者的可恨面目。

画家刻意在右上方画了一个骑在马背上飞扬跋扈的土耳其士兵。他勒住战马，得意地看着眼前被摧残的希腊人，表现出胜利者的高傲。马背后边还拖拽着一个被绳索捆绑的裸体少女，少女表现出痛苦难忍的姿态。画家充分利用光的变化效果，使画面从色调上显示出一种恐怖感。他用大笔触手法描绘场景，再用明暗对比将画面分为远近两种层次。画作构图鲜明，色彩强烈，把场面悲情紧张的氛围与土耳其人残酷无比的嘴脸表现得淋漓尽致。

《希奥岛的屠杀》震动了整个法国画坛，他的老师格罗感慨地说："这不是希奥岛的屠杀，而是绘画的屠杀。"评论家戈蒂埃激动地说："强烈的色彩，画笔的愤怒，他使得古典主义者如此不满与激动，以致他们的假发都发抖了，而年轻的画家却感到非常满意。"

德拉克洛瓦的《米索隆基废墟上的希腊》，也是声援希腊人民的作品。

在米索隆基开展的保卫战非常激烈，诗人拜伦就牺牲在那里。最后一次突围战更加激烈，大部分希腊人牺牲了，但是他们英勇无畏的精神永远不会消失。德拉克洛瓦被这个事件深深感染了，他用浪漫主义象征手法把它描绘了出来。

画中的希腊妇女站在那里，她手无寸铁，跪在大石头上，坚毅的目光中体现了决不服输的心态。远处的天空云雾弥漫，衬托出画家的沉痛心情。废墟上的女性是希腊人民坚贞不屈的象征，是英勇的化身。远处土耳其的战旗和士兵们胜利时的举动与废墟上的妇女形成鲜明对比。

画家用暗红色做背景，用鲜明的色彩表现凝重与紧张的气氛，再用明暗对比强烈的光照效果，表达了自己对侵略者暴行的严厉抗议。

1825 年，德拉克洛瓦到英国旅行，对英国绘画的色彩及光线运用产生了浓厚的兴趣。1832 年，德拉克罗瓦随驻苏丹大使到摩洛哥旅行，受到东方绘画风格的感染，在色彩运用上有了更强烈的感触。他还创作出很多表现浪漫主义的作品，如《沙尔丹纳帕勒之死》、《自由引导人民》（图 54）以及《阿尔及尔的女人》等。

在西方绘画史上，德拉克洛瓦是第一个有意识地使用"补色对比"手法的画家，这也是他的画作之所以如此鲜艳夺目的重要原因。

补色对比

　　补色又称互补色，如果两种颜色混合后给人以白色感觉，那么这两种颜色就是互补色。

　　之所以会出现补色，是因为人眼具有感知光线的两种细胞——视杆细胞和视锥细胞。视杆细胞敏感于光线，视锥细胞敏感于色彩。当人看一种颜色时间久了，眼睛为获得平衡，就需要补色作为调剂。

　　每种颜色都有它的互补色。最典型的互补色是黑和白、黄和紫、蓝和橙、红和绿。

【图55】　〔英〕特纳《雨，蒸汽和速度》

特纳，让风景画翻身

　　特纳是英国著名的风景画家，以画艺精湛而著称。他于 1775 年生于伦敦，父亲靠开理发店挣钱养家，母亲有精神疾病。特纳的家庭可以说没有一点艺术氛围，但他还是在年少时就显示出超众的绘画天赋。

　　特纳的第一任老师是地貌色彩画家汤玛斯·马尔顿，从他那里，特纳学到了水彩画的技法。后来，特纳来到英国皇家美术学院学习。1790 年的年展上，他首次展出了自己的作品，又于 1793 年成立个人画室。

　　特纳最初的艺术生涯并不顺利。为了维持画室的运作，他每个晚上要出去打工，做的都是一些涂抹上色的工作，薪水少得可怜。尽管如此，他还是以最热情饱满的态度对待工作。他从不用微薄的薪金来衡量自己，也不会贬低自己，相反，他把这些人生经历看成对画技的磨炼——只要能画出好的作品，再苦再累也是值得的。他的努力与付出，为其赢得了突出的艺术成就，1801 年，年仅 26 岁的特纳被英国皇家美术学院接纳为最年轻的会员。

　　特纳的艺术风格可分为早中晚三个阶段。早期，他观赏临摹前辈们的作品，加之刻苦勤奋，画技很快就有了突飞猛进的发展。他认为勤奋加自立是学画最好的"老师"，仅靠一点天赋是远远不够的。在 1800 年之前，风景画在地位上不及历史画，但特纳立志于风景画创作，他吸取众多前人的风景画风格，勇敢大胆地进行创新，把丰富的历史题材融于风景中，为风景画注入了别样的活力与独特的气质。因为特纳的成就，本来崇尚人物画而鄙视风景画的欧洲画坛开始承认和追捧风景画，可见，特纳是能够改变和创造"行业规则"的顶级画家。

在这一时期，特纳的代表作品有《战舰归航》。《战舰归航》创作于1819年。在广阔平静的海面上，一艘庞大的战舰"特梅雷尔号"正在返航。"特梅雷尔号"是英国海军纳尔逊将军率领的战舰，它于1805年在特拉法尔格海峡击退了法国拿破仑的战舰，完成了光荣的历史使命。画中，夕阳降落在海平面上，霞光把天空照耀得一片通红。天水交接的景色被明亮而丰富的色调渲染，画家用笔柔和，赋予画面朦胧一片的景象，这种朦胧感与印象派不同，它是真实景物与梦幻的合二为一，是一种朦胧的美感。

画家描绘战舰用意颇深。战舰归航时被汽艇拖拽着，蒸汽机上冒出浓烟，暗指英国工业革命带来的技术新气象，反映了时代的进步与革新。

到了中期，特纳的绘画手法更为大胆，他的水彩作品无论用笔还是表现力都可以达到油画的水准，获得美术界众多大师级人物的赞赏。为了扩宽自己的艺术视野，完成多年的游历心愿，特纳开始了意大利之旅。他被罗马浓郁的艺术氛围深深吸引，那里四处散发的雅致与意趣无时无刻不刺激着他的灵感，于是他创作出大型油画《从梵蒂冈远眺罗马》。

这幅作品以远眺的方式展开描绘。透过梵蒂冈的门廊，穿过圣彼得广场，越过一座座罗马建筑，就能看到阿布齐鲁山脉。画面前景有各时期的艺术作品，远景是整个古罗马的景象，整个画面充满了宁静、祥和的气氛。

特纳50岁以后，也就是其艺术生涯的晚期，作品相比中期有了更新的发展方向，在伦敦众多公开展览中都占有较高的地位。他的作品常被安排在展厅最显眼的位置，光芒压过其他画家，并吸引了无数观众的眼光，但他的作品吸引人的最根本原因还在于超凡脱俗的画技。

据说在画展开放之前，会给画家三天或以上的修改时间。特纳递交的作品有的还没有真正完成，于是他就在这几天时间里大力修饰作品，描画、增彩，使作品达到意想不到的效果。人们不但被他的画震惊，就连他修改的过程，也给人留下了深刻的印象。

这个时期，特纳的作品比以往更加简洁，笔触成熟又富有表现力。他的水彩画常包含工业时代的景象，如《里兹》和《达德利》，其中展现工业革命本质的蒸汽机画面成为其作品的一大特色，如《雨，蒸汽和速度》（图55）。该图描绘的地点是梅登黑德铁路桥，一辆火车经过大桥向伦敦的方向驶去。整个画面被火车冒出的蒸汽充斥着，一片雾气迷蒙，充分展示了工业革命给欧洲带来的巨大变化。从此，长期以希腊神话和宗教故事人物为主题的西方绘画，在工业革命的大潮到来后，逐渐退出了历史舞台。特纳别具一格的风景画，也为印象派绘画的出现打下了坚实的基础。

空气透视法

特纳作品的与众不同，在于他把最难画出来的水和空气表现得淋漓尽致，给人一种烟雾迷蒙的缥缈之感。这种视觉感受是通过"空气透视法"表现出来的。

空气透视法也称"薄雾法"，源于达·芬奇利用球体受光变化的原理首创的明暗转移法，即在形象上由明到暗的过渡是连续的，像烟雾一般，分界模糊不清，从而产生虚实变化、色调的深浅变化等艺术效果。

《干草车》，康斯太布尔的"高光"之作

  康斯太布尔是英国 19 世纪最伟大的风景画家之一。他 1776 年出生于英格兰萨福克一个磨坊主家庭，故乡的山水、树木、花朵、云彩都深深吸引着他，因此他想把这里的一草一木都画入作品中。如果说他的作品是一首诗，那么用田园诗比喻是最恰当不过的了。

  康斯太布尔 23 岁进入皇家美术学院学习，两年之后就能娴熟地进行风景画创作了。他师从众多艺术前辈，尤其是约翰·邓桑对其影响很大。康斯太布尔时刻铭记邓桑的教导，他认为向大自然学习比临摹古典风景画更能抓住事物的本质，于是他回到家乡，开始研究农村里大自然的美好风光。

  康斯太布尔每天把画架摆在优美的风景前就开始创作。他怀着高涨的热情画了很多油画、素描画。他从不去画不理解或赶时髦的东西。在他的画中，大自然能以最真实、最本质的面貌出现，特别是天空，不是简单的色彩排列，而是能透露出强大的生命力。他画天空时总是记住时间、日期、风向等，把天空当作构图的主要部分，他说："如果天空不是主调，不是感情的主要'器官'，就很难评价风景画的高低了。"

  康斯太布尔的代表作品之一为《干草车》（图 56），该画是 1829 年巴黎沙龙展出的巨作，康斯太布尔也因为该画在巴黎获得声誉。画面描绘的是乡村普通的生活场景：一辆载满干草的马车涉过潺潺流动的溪水，要把干草运送到茂密森林的某个地方去；一名马夫在前边赶着马车，两个押车人坐在左右

【图56】 ［英］康斯太布尔《干草车》

两边，小心翼翼地护送着，车子的木质车轮结构十分清晰，就连磨损的痕迹都看得清清楚楚；溪边几个农妇在洗衣服，小狗对着干草车兴奋地叫；岸上野花遍布，草地娇嫩翠绿，树木随风摆动着，叶子上沾满露珠，那晶莹剔透的色彩在阳光的照射下闪闪发光；天空中飘着白云朵朵，晴朗中带着一丝湿润，那云彩的形状跟真的没什么两样；干草车前行发出的吱吱声，小狗叫唤的汪汪声，水花溅起的声音，树木摆动的声音……一切仿佛都能听到，那么清新、自然，就像大自然演奏的动人乐章，多么令人舒适惬意啊！

《干草车》描绘的是典型的英国乡村风光，一经展出，立刻获得众人赞赏。浪漫主义画家热里科与德拉克洛瓦为之震惊，就连《红与黑》的作者斯汤达都为之感慨。画作构图精准，色彩配置朴实、自然，画面充满灵动感，是一幅完美的风景画。

为了把风景画得更为优美，真实表现乡村生活，康斯太布尔在构图与用色上决不模仿别人。他勇于创新，逐渐形成自己的风格：他将风景画中经常出现的褐色树叶改成了绿色；为了使画面更明亮，他在风景上加白点（俗称点"高光"），瞬间把阳光引入场景，因为这个画法是康斯太布尔首创的，所以被称作"康斯太布尔的雪花"。

如何保存油画颜料

康斯太布尔是西方绘画史上最早直接用油画进行户外写生的画家。用油画做户外写生之所以到了19世纪才出现，是因为油画颜料很难保存，画家必须当天制作、当天使用，如果颜料当天没有用完，就必须放在猪大肠制作的颜料包里保存，携带非常困难。直到19世纪医用注射器以及后来锡管颜料的出现，画家们才从保存颜料的艰难工作中解放出来。

库尔贝：我不画看不见的东西

库尔贝于 1819 年生于法国的奥尔南。他天资聪颖，热情大方，在中学时代就是同学们心中理想的"领袖人物"。他的父亲给予库尔贝很高的期望，希望他成为一名律师，但是他却一直把理想寄托在绘画艺术上，立志做一名画家。

库尔贝先后在皇家美术学院和贝桑松美术学院学习。他很欣赏外国画家的绘画技巧，如西班牙画家委拉斯开兹，库尔贝潜心临摹其被收藏在卢浮宫的作品。此时，他聪明伶俐的天赋也发挥得淋漓尽致，很快就拥有了自己的艺术风格，并于 1846 年创作了《抽烟斗的人》。

《抽烟斗的人》是库尔贝以自己为主题创作的作品。脸部用笔有力，手法酷似提香，表现出肌肤的柔和。阴影明暗的对比使面部有调皮得意之趣，把抽烟斗这一沉醉的表情描绘得很到位，令人有安然惬意之感。整个画面以暗红色为背景，白色的领子配着灰色上衣，黑色的头发和黑色的胡子映衬出脸部的微红。画家的肩膀也很厚实，再加上一副狂傲的神情，显示出他特有的风度。

库尔贝描绘的自己只有 27 岁，正是富有想象力与创造力的年龄。他的神情带有一丝幻想，与浪漫主义颇为接近，但面部表现出的安然舒适却是现实主义的一种表现手法。画家把自己的欣赏标准完全融入这幅自画像里，完美表达了自我情感。

　　早在 17 世纪，现实主义在荷兰的一些画派中开始流行。他们的审美特征偏向于用生活幽默与趣事来迎合广大市民的欣赏情趣。库尔贝的现实主义则有不同表现。当时，法国社会正处于垄断资本主义时期，贫富两极分化日益严重，政治腐败现象层出不穷，库尔贝自觉意识到艺术的重大责任，开始重视揭露事物的本质。他称浪漫主义为"无病呻吟"，称古典主义为"装腔作

【图57】　［法］库尔贝《奥尔南的葬礼》

势"，只有现实主义才能表现生活中最平凡、最朴实的美（图57）。法国评论家认为，库尔贝确实为以后的青年画家带来了重要影响，可以说"没有库尔贝，就没有马奈；没有马奈，便没有印象主义"。

　　库尔贝是一位画路宽广、手法多样的绘画大师。无论肖像、动物、静物还是风景，一经他手都能表现得尽善尽美，卓越非凡。他的《塞纳河畔的贵族少女》有怡然自得之意,《石工》则表现出满腔悲愤之情。

　　《石工》是库尔贝重要的代表作品之一,是他在旅行途中见到的真实一幕。1849 年,库尔贝乘坐四轮马车到梅齐埃尔附近的圣·但尼宫,在路上,他看到两个工人沿路打石头,他们在炎炎烈日下如此辛苦地劳动作业,深深感动了画家。库尔贝认为再也没有什么场面能比这更能显示底层人民的贫困生活、更能打动人心的了,于是他决定把这一幕记录下来。

　　库尔贝先到现场绘制写生稿,再找来两个石工,请他们到画室做模特。画面背景是荒凉的野外,四面全是山坡,只有一角露出蓝天。为了突出野外修路工的艰苦,画家在背景处特意加入一些锅碗瓢盆,显示出石工生活的不易。老工人单腿跪地,低头砸着石块,劳动量似乎很大,他身后的年轻石工就显得轻松一些,让人看后有强烈的震撼与感动。人物都以背部示人,强调场景的平常性,更能博得社会对下层人民困苦不堪生活的关怀与同情。

　　有人说库尔贝用高贵的油画来渲染两个普通的石工,暗含了某种政治意图,其实不然。这幅画是画家在亲眼所见与亲身体会中创作的,目的只是用贫困的劳苦形象呼吁人们更多的关注。

　　他的作品《画室》也是反映时代风貌与现实生活状况的作品。画中一共描绘了三十多个人,有画家自己、画家的挚友、各年龄段的模特、罢工工人、爱尔兰妇女、社会上流人物等。他把自己 7 年来的艺术生涯全部集中在一幅画里,表现出法国社会的缩影,寄托了自己深远的思想情感。

　　画中的每个人物都有特殊寓意,小孩代表了天真无邪,裸体女郎代表了心中的真理,十字架上钉着圣徒圣赛巴斯蒂安,代表了僵硬的学院派,右边的诗人波德莱尔是诗的象征,依次还有象征"哲学""散文""音乐"的人物,还有社会上的一些三教九流,是贫富贵贱的象征。画面中间是画家自己,正在细致地绘制着一幅风景画。

　　库尔贝用这种创作手法表现了自己的民主主义思想,为 19 世纪法国的现实主义艺术提供了发展方向。整幅画构图完美,气氛和谐,色彩光线运用得恰如其分,有温暖真挚的情感,突出表现了现实主义大师高超的绘画能力。

小镇画家柯罗

　　柯罗于 1796 年出生在法国巴黎，父亲是理发师，母亲是服装师。柯罗出生后不久，父亲就放弃了理发工作，成为母亲服装店的经理。柯罗从小就对绘画感兴趣，但是为了满足父亲让他继承家业的心愿，还是到服装店做起了店员。1822 年，他对绘画的向往终于打动了父亲，于是他放弃经商，来到古典画家贝尔坦门下学画。

　　由于学业优秀，柯罗拿着奖学金来到意大利留学。他在那里生活了三年，被地中海的阳光海岸与自然美景深深吸引，他画的许多风景画都是从那里找到的灵感。后来他又去了两次意大利，每次去都是以写生为目的。他认为研究与临摹大师的作品只会落在别人后边，而写生却可以表达出自己的真实情感。

　　柯罗总是全身心地投入绘画创作，丝毫不受古代名家大师的影响。他一直秉承自己的信念，创作出很多优秀作品。在柯罗的作品中，湖水明亮清澈，森林茂盛润泽，天空散发出珍珠般的光泽，大自然的美丽景色被真实形象地记录下来。

　　柯罗的风景画分为两种，第一种为意大利风景，风格形成于其游学意大利期间。这一时期柯罗的作品用笔大气阔达，画面清晰朗润，描绘了南方明媚的阳光，有厚重感。作品多取材于城市建筑、乡村田野、城市街头，画面简单而朴素，充满生活意趣，如《意大利城堡》《罗马竞技场》《威尼斯大运河》等。

【图58】 ［法］柯罗《蒙特枫丹的回忆》

《河边女孩》也是他早期创作的一幅作品，是人与景物相互融合的优秀代表作。画面中的三个小孩在河边草地上悠闲愉快地玩耍着。左边的小男孩神情紧张，正慢慢地走入河水中，好像要捉青蛙或是小虫子；右边年龄稍大些的女孩上身穿灰白色外衣，下身穿粉红色裙子，正半蹲在那里，神情忧郁地望着草地；她身后的小女孩手拿一朵小花，安静地站在那里。人物背后的风景悠远而美好，白桦树高大茂盛，牛羊悠闲地躺在草地上，再往远处还有寂静的小村庄。牧场地势从低到高绿油油的一片，与珍珠色的天空相互映衬，显得生机勃勃。

画家刻画人物也独具妙处，每位儿童都被绘制得个性鲜明，神情独特，在风景的烘托下更能感受到优美的意境。

柯罗的第二种风景画为法兰西风景。这一类型的画风是他在绘画的全盛时期形成的。1835年，柯罗来到巴比松村，在那里结识了米勒、卢梭，并与他们相交甚好。巴比松村优美独特的自然风光赋予了他创作上的灵感。他的画极富诗意，令人不禁感慨大自然的伟大。代表作品有《林妖的舞蹈》与《蒙特枫丹的回忆》（图58）。

蒙特枫丹位于巴黎北部的桑利斯镇附近，景色十分美丽。画家早年经常去那里散步和写生，对那里的景色流连忘返，因此创作了《蒙特枫丹的回忆》。该作品描绘了雾气弥漫的早晨，宁静的湖边，一位年轻的妈妈带着两个孩子在一棵小树下采摘枝头上的鲜花。妈妈举手抬头，向上用力地够着，树下的两个孩子一个焦急地等待，一个蹲在地上采花，神情十分专注。他们的周围就是蒙特枫丹的美丽景色。天地万物都像刚从梦中苏醒一样，远处的湖水与天空交相辉映，小山倒映在水中，缥缈而美丽。右边有一棵高大的树，枝叶茂盛，向左边伸展着，构成大部分画面。阳光透过枝叶照耀在开满鲜花的草地上。

这部作品多用银色与褐色作主调，鲜艳的色彩为点缀，色彩富有冷暖变化。整幅画面构图有序，自然典雅，景物安排高低错落有致。大树根部在右端，枝头向左靠拢，远处的山水被遮掩得更富有朦胧感。中间的小树纤细柔软，枝头伸展方向与大树相似，显得有些不协调，但是加入三个人物，使其相互制约，平衡感立刻又产生了。其中，采花的人就像画面的点睛之笔，有了她的存在，画面便显得生动自然。

除风景，人物肖像也是柯罗擅长的领域。他的肖像作品《头戴珍珠的女郎》被人称为法国《蒙娜丽莎》的再现，可见其艺术手法的炉火纯青。

巴比松画派

巴比松是距离巴黎约50公里的一个村子。19世纪30年代，被这里优美的自然风光和淳朴的民风吸引，一群贫穷但立志于风景画创作的画家聚集到了这里。他们的画作不仅在努力还原自然的真实面貌，也力求表达自己对自然的真实感受，从而确立了写实自然风景画的历史地位，揭开了现实主义绘画的序幕。除柯罗、米勒，卢梭、迪亚兹、特罗雍、杜比尼、杜普雷也是其中的杰出代表，他们被称为"巴比松七星"，他们的画派被称为"巴比松画派"。

农民画家米勒

让－弗朗索瓦·米勒于 1814 年出生于法国的农民家庭。他自幼聪明伶俐，对绘画艺术颇具天赋。在老师的影响与支持下，米勒立志学习绘画，走一条属于自己的艺术道路。他 18 岁到瑟堡向两位当地画家学习绘画，23 岁获奖学金到巴黎美术学院深造，并拜浪漫主义画派的德拉克罗瓦为师。学习期间，他还常去卢浮宫临摹米开朗琪罗、林布兰特等知名画家的作品。这些研究与临摹的过程，为其绘画艺术的发展奠定了坚实的基础。26 岁时，他的《肖像画》入选沙龙，自此他在巴黎正式开始了画家生涯。

那时的米勒在巴黎穷困潦倒，举步维艰，加之妻子去世的打击令他喘不过气。为改变生活现状，他用画换鞋穿、换床铺睡。一次，他来到巴比松，看到了田间劳动者的身影，多年隐藏的艺术梦想一下迸发出来。他创作了描绘农村风光的作品《簸谷者》，立刻在法国引起轰动。之后他便带着全家人定居巴比松，专心致志地创作以乡村为题材的作品，一直在这里终老。

这 27 年间，他创作出一系列以农民生活和劳动为主题的作品，如《拾穗者》、《播种者》(图 59)、《晚钟》、《牧羊女》、《倚锄的人》等。这些作品中描绘的农民都皮肤黝黑，臂膀粗壮而结实，衣衫破旧不堪，弓着身子在烈日下辛勤劳动，这些是最真实普通的法国农民形象。

《播种者》是米勒极具代表性的一幅作品，这些劳动者看似与世无争，其实却反映出对灯红酒绿的上流社会的一种抗争。画中的农民脚穿大靴子，在

【图 59】 ［法］米勒《播种者》

苍茫的田野上，每走一步就把种子撒入大地，就这样不停地重复播种，直到种子撒遍整个田野。画家托物言志，用播种象征了人类的希望，再添上几十只盘旋的小鸟，它们想要吃农民的种子，暗指统治阶层的掠夺还没有停止。

这种用人与自然反映社会阶层关系的作品真实而自然，令上层人士不禁联想起六月革命中巴黎街头的民众形象，他们对此深感不安。另一些人则对作品给予了充分肯定，作家雨果认为这幅画是对农民伟大力量的赞美，文艺评论家戈蒂耶说画中的农民形象是用含有种子的泥土画成的，非常真实。米勒的作品从没有斗争场面，农民们只是在一遍一遍地播种希望，是一种柔和的抗争。

《拾穗者》与《播种者》具有相似的绘画手法，描绘了乡村生活中最普通的情景。秋天麦子成熟了，原野呈现出金黄色的一片。三个农妇头戴围巾，身穿围裙，手拿竹篮，正在一望无边的原野上弯腰拾麦穗。她们身后的庄稼早已堆成小山，土地上还散着一些。农妇们为了能收到更多的庄稼以补充来年的短缺，在地里仔细地捡着。

画家雷东说，米勒既是画家也是思想家，他把一种思想通过艺术单纯地传达出来，如《喂食》中妈妈喂孩子，就像大自然中母鸟喂小鸟。《接枝》中，婴儿在母亲的怀抱里望着为老树接枝的父亲，表达了生命的延续。《第一步》中婴儿蹒跚走向张开臂膀的父亲，象征生命的开始。米勒画中的每个人物都被描绘得朴实、庄重，没有一点下层人民卑微的表现，看上去亲切、平和，这在欧洲的艺术中是极为难得的。

【图60】 ［法］杜米埃《三等车厢》

让艺术真正属于平民

　　杜米埃是法国 19 世纪伟大的现实主义讽刺画大师，他于 1808 年出生在马赛，6 岁时随家人迁入巴黎。杜米埃的父亲是个玻璃工，家境并不富裕。年少时，他就得外出谋生，看守过店铺，当过听差。由于长期接触底层人民，民间群众的苦难生活深深印在他的脑海中，因此，在他心中自然而然就形成一种正义感。

　　杜米埃先后师从画家涅努瓦与布登，还向版画大师拉米列学习。他的绘画艺术生涯始于漫画创作，作品多具有讽刺意义。《高康大》描绘了一个人，一生下来就能吃能喝，伸着大舌头坐在宝座上，等着人们将食物虔诚地送到他嘴里。画家借用该人物，讽刺了国王路易·菲利浦侵吞民间钱财的事，因此遭受 6 个月的监禁。杜米埃出狱后不但没有意志消沉，反而有愈战愈勇之势，他画了更多意义深刻的作品，如《立法肚子》《1834 年 4 月 15 日的特朗斯诺宁街》等，就连拿破仑三世和梯也尔也成为他讽刺的对象。

　　杜米埃后来从事版画创作，仍用犀利的艺术语言讽刺社会的不平现象。据统计，他的石版画作品近四千幅，资本家、银行家、法官等人都成为他创作的主题。

　　杜米埃于 40 岁开始创作油画，留下的近三百幅作品都是诙谐幽默的。这一时期，他沿用一贯的讽刺风格，取材于现实生活中的劳动人民与卖艺者，人物重神似而非形似，笔触洒脱大气，明暗对比强烈，色调偏棕色和粉红，是一种具有批判性的艺术手法。

在《堂吉诃德》中，他只用寥寥几笔就塑造出一个骨瘦如柴、打动人心的英雄人物。画家用独创的"写意法"展开描绘，不点缀五官，只描绘外形，就把一个人物的特点展示出来。在《宽恕》中，一位普通妇女面对振振有词的律师与无怜悯之心的法官，无法掩饰内心的伤感与无助而痛哭起来。人物形象形成鲜明的对比，突显出在基督教盛行的法国社会，人们的宽容其实是虚伪的。

《三等车厢》（图60）是杜米埃反映普通市民生活的代表作之一。画中人物一排排相对坐在车厢里，这里空气流通不畅，光线阴暗，加上人群拥挤，有让人窒息的感觉——但这就是三等市民的生活，他们没有钱，没有文化，也只能享受这种下等待遇。

杜米埃的作品构图巧妙，将每个人物合理安排在有限的车厢里。有的人露出正面，有的露出侧面，无论是哪一面，我们都能体会到人物的不同个性。戴高帽子的男士与周围乘客兴高采烈地说着话，一看就是乐观开朗的人。靠窗的老人看上去谦虚而沉稳，清苦的生活并没有抹去他那富有教养的气质。这只是生活中的一个镜头，但意义耐人寻味。

这部作品色彩暗淡，线条粗糙，画面没有过多修饰，仿佛欠缺优雅。画家把众多普通民众的身影浓缩到一幅作品里，初衷是希望人们能感受到真实的底层社会，呼吁更多人去关心爱护这些人。

以人民的名义

　　巡回展览画派是俄国现实主义画家在彼得堡组成的艺术团体，创始人为克拉姆斯柯依。1863 年，美术学院的 14 个毕业生拒绝以学院规定的题目进行创作，他们拒绝参加银质奖章的评比，强烈要求自由命题。这种对学院的公开反抗，遭到了上层领导的拒绝。于是，14 个学生毅然离开美术学院，他们组成了"彼得堡自由美术家协会"，并推荐克拉姆斯柯依为领导人。

　　1870 年，历史画家盖伊和风俗画家塞耶多夫在莫斯科组织发起了"巡回艺术展览协会"，他们主张打破由皇室和贵族垄断美术和艺术评论的情况，把作品送到全国各地去展览，使更多人能欣赏到他们的创作。这个活动一出现，立刻引起"彼得堡自由美术家协会"的热烈响应，巡回展览画派也由此而得名，因为这个展览是流动性的，所以也叫"流动展览画派"。

　　巡回展览画派聚集了俄罗斯当时所有的进步艺术家。他们创作出许多作品，都和人们的生活密切相关，与学院派形成对立，在 19 世纪后期形成了强大的批判现实主义艺术潮流。巡回展览画派有独立的原则和纲领，他们以车尔尼雪夫斯基在《艺术对现实的美学关系》中提到的思想为原则，即"艺术家的使命不在于追求那些不存在的美，也不在于去美化现实生活，而在于真实地再现生活"。成员们的创作主题与社会、历史、自然、生活息息相关，批判了沙皇专制制度与残留的农奴制。

　　列宾是巡回展览画派杰出的代表画家之一，他创作出许多反映俄罗斯人

【图 61】　［俄］列宾《伏尔加河上的纤夫》

【图62】 ［俄］苏里科夫《近卫军临刑的早晨》

们的生活的作品，著名的作品为《伏尔加河上的纤夫》（图 61）。

在宽广辽阔的伏尔加河上，一群纤夫拉着载满重物的船，在河岸上艰难地行走。一根破旧的缆绳将大家团结在一起，他们弯腰驼背奋力向前。为了增加士气，还一起哼着低沉的号子。这是夏日的中午，阳光直射大地，河岸被热气笼罩着。即使在这样残酷的现实条件下，纤夫们为了生活仍要默默行进。

画面由远及近共描绘了 11 个人，每个人曾经都过着不同的生活。最前边领头的老人原本是个神父，后来沦为纤夫，他有聪明才智，有组织能力，是大家的带头人；最卖力气的那个红头发男子，看起来老实敦厚，肯定是个破产的农民；纤夫队伍中还有一个小孩，他身体瘦弱，两手无力，为了生存也得吃这般苦。

画中人物描绘得很形象且具有鲜明的个性，是俄罗斯劳动者的典型代表。他们虽然沦为苦力，但意志坚定，不屈不挠，期望着社会早日改变。画家用结构简单的画面，揭露了复杂的社会本质，把深刻的思想融入其中。画面的光线处理十分巧妙，使一切景物都沐浴在阳光中。色彩与笔触的有机结合，更使作品充满强大的生命力。斯塔索夫曾说，单凭这幅画，列宾完全可以跻身世界一流画家的行列。

苏里科夫是巡回展览画派中另一位杰出的代表画家，也是 19 世纪伟大的历史画家。他 20 岁考入彼得堡美术学院，在契斯恰科夫门下学习绘画，毕业后一直致力于美术创作。苏里科夫多次到顿河和伏尔加河一带体验生活，对俄国的历史特别是彼得大帝的人生经历有浓厚的兴趣，因此他用三幅历史作品表现了彼得大帝非凡卓越的一生。

《近卫军临刑的早晨》（图 62）是三部曲中的一部，描绘了莫斯科皇宫广场上近卫军临刑的情景。彼得大帝为了使国家更强大，要对国家进行改革。他威风凛凛，显示出一代帝王的伟岸自信的形象。而近卫军为了维护自己的民族尊严，决定英勇就义。画面中，每个人物都有鲜明的个性，两派人物的目光对峙，暗含一种心理上的较量与不妥协。人群中有很多普通民众，他们都来为近卫军送行，突显悲凉的感觉——画家用一种客观的态度记录下这一伟大的历史变革。

第六章

印象派与后印象派：
刹那芳华即永恒

（19世纪下半叶）

　　随着第二次工业革命席卷整个西方，中产阶级兴起了，城市化脚步加快了。享受着科学带来的巨大便利，人们有了审视自然的自信。在绘画领域，宗教以及模仿古希腊罗马的古典主义题材不再是画布上的主角，取而代之的是以莫奈、塞尚为首的印象派与后印象主义，他们用变幻莫测的光与影来描绘大自然的美丽与生活的美好，结束了西方古典绘画的传统，开启了现代绘画的进程。

【图 63】 ［法］马奈《草地上的午餐》

他活着，并将活下去

爱德华·马奈是印象主义画派的先驱人物。他最早师从于库退尔。库退尔的绘画常脱离实际生活，看起来死板而矫揉造作，马奈与这种画风格格不入，后来，他看到委拉斯开兹、戈雅、乔尔乔涅的作品，被大师们的现实主义手法深深吸引，因此不断临摹与研究，最终成为一位特立独行的画家。

马奈反对学院派的古典风格，着手创作有印象主义特点的作品。他早期的绘画多以黑色为背景，人物用明亮的平光照射，只在边缘部位打阴影。而后期的作品中就逐渐显示出光源与动态的特点，如《草地上的午餐》(图 63)。

《草地上的午餐》描绘了几个年轻人坐在巴黎郊外塞纳河畔的草地上，享受着午后的美好时光。这幅作品以乔尔乔涅的《田园合奏》为原型，画中两个男士西装革履，穿戴整齐，女士则赤裸身体坐在那里，感觉十分惬意。可能很多人无法理解画家这种勇于挑战新鲜事物的精神，但他就是用这种全新的方式带给观众不同的感受。

画中灿烂的阳光，鲜艳的色彩，空气中蕴含的灵动与意趣，甚至风景中的人体，都是一种全新的"视觉盛宴"。树林浓郁茂盛，绿叶在阳光的照射下发出光芒，与裸体女士的明亮色彩相互掩映，显得极为和谐。着黑色礼服的两名男士与绿色树叶组成的深色调，更能突出女性柔美的肤色。画家用这种新颖的方式解决了色彩应用于画面的技术问题，马奈自己曾说："我的作品的主角是光和色。"

马奈不愿受学院派教条主义的束缚，他一直用一双勇于探索的双眼，去寻觅世界上的新事物。他的作品色调明快，色彩艳丽，注重光线的表达，而光线的处理方式正是印象派的最大特点——他们一反传统，用青色和紫色来描绘阴影。但不同于其他印象派画家喜欢描绘自然，马奈更钟爱的是人体画和肖像画。

《奥林匹亚》是一幅女性的人体画。一个裸体女性躺在柔软的白色床单上，上身靠着一个垫子，身下有一条淡黄色的长巾，与女性身体搭配在一起，形成明亮的色调。她的身后是墨绿色的帷幔，一个黑人女佣和一只黑猫，全部都是深色背景，映衬得前景更加亮丽。画面不表现复杂的层次和立体感，直接由明亮过渡到黑暗，使学院派的创作步骤得到简化。画家多处使用对比方式，黑奴的肤色与玫瑰色外套形成对比，墨绿帷幔与淡黄披肩形成对比，花束用一种平涂的受光面来绘制，显得十分耀眼。

画家仅用几道线条描绘奥林匹亚的轮廓，使其看起来不够丰满。头上、颈部、手腕处都有装饰物，但也没有女性的娇艳，从某种程度上看，有一定的讽刺意味。奥林匹亚是古希腊时期诸神居住的圣地，代表了美与秩序。马奈把这美丽的名称赋予了一个普通的女人，实际上是对学院派艺术的挑战与讽刺。在这部作品中，马奈完全抛弃了学院派与古典艺术的条条框框，是根据自己对世界的认识与观察而创作的，赋予作品很强的生命力与感染力。

马奈还有很多出色的肖像画，如《父母肖像画》《弹吉他的人》《吹笛少年》和《弗里·贝热尔酒店》等，其中《弗里·贝热尔酒店》是他在病情严重时创作的。这是他最后一次描绘巴黎喧哗热闹的城市生活，画面简单易懂，光线与色彩运用效果出奇，成为后世艺术创作的典范。

马奈这个名字出典于拉丁文题铭，含义是：他活着，并将活下去。马奈用自己的辉煌成就印证了这个名字——他作为印象派鼻祖，同他的画作一起，会永远活下去。

印象派的"超级大人物"

　　莫奈，印象派技巧的创造者，于 1840 年出生在巴黎，他是继马奈之后，第一个把外光理论彻底融入实际艺术中的画家。

　　莫奈自幼喜欢画画，曾有一段时间随父亲来到海边小镇诺曼底的勒阿弗尔。父亲在那里做生意，也希望他能继承家业，但莫奈还是把心思都投入到绘画上。起初他画漫画，因画技出众，15 岁时作品就已经挂在布丹画店内展示了。布丹十分重视莫奈，并成为莫奈人生中的第一位美术教师。他告诉莫奈要远离学院派艺术，重视外光运用，直接画出来的东西往往比在画室中创作的更生动有力。

　　莫奈听从了布丹的劝告，再次回到巴黎。巴黎是艺术名家云集、繁华热闹的大都市，常开办各类画展，莫奈就是从展览中看到了巴比松画派和现实主义画家柯罗的作品，被他们反映大自然的"现实手法"深深吸引。他还常到卢浮宫前画他看到的事物，为其后期创作奠定了坚实的基础。

　　1862 年，莫奈在巴黎的格莱尔门下学习绘画，在那里结识了雷诺阿、巴齐耶和西斯莱。

　　他们四个相交甚好，共同在户外用厚重的油彩作画。这是一种全新的艺术手法，被人们称为"印象派"。

　　1870 年，莫奈来到英国，在特纳的影响下，他对色彩与光线产生了更浓厚的兴趣。他常在不同的光线下描绘同一个事物，仅靠光线短时间的停留，

【图64】 ［法］莫奈《日出·印象》

就能画出不同的意境。例如，他画了 15 幅干草垛的画，每一幅画中的干草垛在光线照射下都呈现不一样的效果。莫奈对光线研究达到了如痴如醉的程度，他反复试验光与色的分解原理，把太阳光中的七原色分解出几种明亮的颜色，并把它们交织组合在一起，形成艳丽夺目的色彩。

《日出·印象》（图 64）是莫奈的著名作品之一。画面描绘的是清晨的勒阿尔弗港口，太阳渐渐从水平面升起来，太阳光照耀在水面上。远处的树林、近处的船只全部笼罩在迷蒙的晨雾中。太阳光鲜艳的红色被雾气折射，这种颜色会随着光线的变化而不断变化，莫奈记录下来的是日出的瞬间"印象"——它将永远停留在画面上。

画家用笔轻快灵动。港口的若隐若现，山水的相互辉映都被表现得有种颤动感。晨雾蒙蒙，红日初升，天边的霞光与银灰色的海面连接，画家用光色组合效果完美地呈现出这片迷人的景色。

1874 年，一群青年画家借用一幢大楼中的一层举办了一次印象派画展。画展共推出 165 件作品，吸引了无数艺术爱好者前来观赏，其中《日出·印象》赢得众多好评，当然也受到不少指责。有人说这幅画是莫奈用装满颜料的水枪乱喷乱涂出来的，还有人说这根本就是一场"印象主义者的画展"，这句话虽然带有挖苦与讽刺的意味，但是却让一群印象派的年轻人声名鹊起。整个 19 世纪后期，欧洲的艺术潮流都被印象主义引领。

《睡莲》（图 65）是莫奈晚年的作品，从画面中我们可以看出其运用光色已经到了炉火纯青的水平。43 岁时，莫奈的妻子去世，他带着儿子来到巴黎郊外的吉维尼村，开始了长达 43 年的隐居生活。他在村子中的一块空地上建造了一个人工池塘，在周围种植丰富多彩的花卉和树木，还在池塘里栽种了大面积的睡莲。睡莲大大的叶子平铺在水面上，花朵在阳光照射下娇嫩欲滴，在叶子的衬托下显得格外美丽。莫奈被睡莲清新脱俗的形象深深打动，将晚年所有精力都投入到以睡莲为主题的艺术创作上来。他的睡莲系列作品成为印象主义画派的"千古绝唱"。

在这幅巨型《睡莲》中，画家并没有着重描绘水中的睡莲，而是用睡莲与水的相互映衬表现大自然的绚丽多彩。画家下笔随意洒脱，呈现给观众的

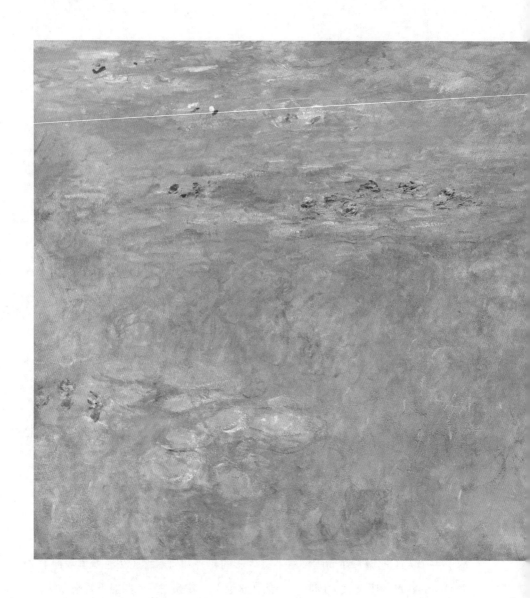

【图65】　［法］莫奈《睡莲》

却是紧凑有序的画面，其中，水的魅力被描绘得淋漓尽致。那波光粼粼的水面，那柔美多姿的睡莲，给人一种身临其境的感觉。画家用接近本色的色彩描绘景物，用闪动的光点染其中，增强了画面的朦胧感，使人感觉这千变万化的光影一不留神就会消失不见。

如今，法国政府为纪念这位伟大的艺术家，专门在吉维尼村莫奈的池塘边建造一座博物馆，里边挂满莫奈的《睡莲》系列作品。这些作品环绕四壁，莲花和叶子的灵动缥缈让人如同置身其中，因此，这座博物馆成为巴黎最有名的景点之一。

印 象 派

"印象派"一词来源于莫奈的《日出·印象》。这幅画在1874年展出时，有评论家用了"印象主义者的展览"为标题做文章来挖苦讽刺他，"印象派"的称呼不胫而走。

印象派画家与前辈们的最大差别，在于对光的认识。他们认为，色彩是因光而产生的。他们主张到户外去观察同一物体在光影下的样子，强调以瞬间的印象作画。他们摒弃了前辈们对于线条与轮廓的执念，以色块来替代传统绘画中的线与面，就这样，轮廓消失了，不同的色彩混在一起，朦朦胧胧，影影绰绰，有一种别样的美。

美人，美人，美人

雷诺阿于 1841 年出生在法国的利摩日，4 岁随家人迁居巴黎。他的父亲从事服装制造行业，家庭经济条件不好，13 岁的雷诺阿为分担家庭重担，成为彩陶制作学徒。这个行业培养了他的光色鉴赏力，对其后期的绘画创作有很大影响。

雷诺阿 20 岁时进入格莱尔画室，与同学西斯莱、莫奈和巴齐耶成为志同道合的画友。他们一同到枫丹白露森林写生，相互交流光线和色彩的运用。妇女、儿童和花朵是雷诺阿作品中经常出现的形象，特别是妇女，如女裁缝、女清洁工、女工等。人们从这些女性身上可以感受到人体和青春的美丽。

雷诺阿年轻的时候以肖像画、风俗画和风景画为创作主体，著名的作品有《包厢》《煎饼磨坊的舞会》(图 66)、《维克多·肖凯肖像》等。

《包厢》是雷诺阿在首次印象画展中展出的作品，被称为"绝对的艺术奇迹"，标志着雷诺阿绘画风格的成熟。画面描绘了包厢的一角，一个穿着庄重的妇女坐在包厢里看戏，她身后有一名男士，穿着打扮很有绅士风度，正举着一个望远镜四处观看。画家的创作题材来源于真实的剧院。为还原当时的情景，他请来一男一女两名模特，以画室为包厢展开创作。画家用重色描绘妇女的双目，用浅肉色绘制皮肤，使其看起来粉嫩动人，舞台的灯光照射在身体上，使女性形象更加柔美。画家注重面部细节，用色彩突显出女性涂抹粉底的妆容，再配上一双乌黑的大眼睛和艳丽的双唇，散发出独特的魅力。

【图 66】 ［法］雷诺阿《煎饼磨坊的舞会》

她身上的装饰品灵动而活泼，体现了画家的独特用笔，特别是服装上的黑色条纹，色彩浓重，边缘细碎，看起来柔软而厚重，更突显出女性美丽的身姿。

雷诺阿在室内作画时，只要气氛与条件允许，不但能表达出光和色彩的效果，而且兼顾物体的立体感与造型。他的作品与实际生活相关联，不虚伪，不浮夸，真实而质朴。他对物体的瞬间印象与动态极为关注，并吸收巴洛克的娇媚和洛可可的雄健，使其完美地融合成自己的独特风格。

《煎饼磨坊的舞会》描绘了巴黎的一个露天舞会中人们拥挤狂欢的场面。画面中人物呈现出多种姿态，舞会热闹非凡，充分展示出贵族人们无忧无虑的生活方式与意趣。

画家描绘这部作品的目的不在于表现舞会欢快愉悦的气氛，而是想通过众人汇聚的场所表现出色彩的混合以及光线照射在不同色彩上的效果。画面以蓝色为基调，人物远近安排合理，有很强的空间感，近景处的一组人物成为光色交织的重点描绘对象。阳光照在他们的身上、脸上，画家在眼睛和前额处打阴影，突显出嘴和下巴的明亮色调。人物着装笔触粗犷。再向远处看去，外光与色彩逐渐变化，所有人的身影都被笼罩在这闪烁颤动的效果之中。

与印象派其他成员的作品相比，雷诺阿的作品可以算作"正常"的。他的画往往充满甜美悠闲的氛围，给人温暖幸福的感觉，正如他的好友莫泊桑说的那样——在雷诺阿眼中，所有东西都是玫瑰色的。

画苹果，我最棒！

保罗·塞尚是后印象派的重要画家，是实现从印象派到立体派过渡的代表人物之一。他出生在法国南部艾克斯的一个小镇，父亲起初做帽子生意，后来成为一名银行经理，家境也就富裕起来。塞尚有了机会到中学读书，之后又以优异的成绩考入大学法律系。

成为一名律师是父亲对塞尚的最大希望，然而塞尚并未因此放弃绘画，强烈的兴趣爱好最终把他引向了艾克斯素描学校，他开始勤奋认真地学习绘画。

一般来说，能引领一派潮流的画家必定从小就有出众的艺术天赋，但是塞尚完全不同。他其貌不扬，多愁善感，基本算是没有天赋的人。他的父亲看清了这一点，坚持让他成为银行经理的继承人，但塞尚自己下定决心，不管未来如何，都要画画。

塞尚一直没有师从任何画家，只是从莫奈、毕沙罗等友人处学习一些绘画技巧，他还经常参考与研究美术馆的作品，这为其创作带来很多灵感。毕沙罗告诉塞尚要到大自然中写生，于是他来到普罗旺斯创作各类作品。在描绘风景、肖像、静物的过程中，他逐渐找到了自己的画法，形成独特的艺术风格。

塞尚的作品没有印象派重视的光线瞬间变化，他想回归传统画法，画出比瞬间印象更持久的永恒画面。他以自然为导师，以刻苦勤奋为方法，在普罗旺斯温和明媚的阳光下一遍又一遍地画着同一处景象。在塞尚看来，线是

【图67】　［法］塞尚《圣维克多山》

不存在的，明暗也是不存在的，只存在色彩之间的对比，所以，在他的画中，用色彩表现体积最为重要。他把一切自然物体概括为三种形状：圆柱形、立方形和锥形，不论风景还是人物画都适用。而他的这一绘画思想为立体主义开启了思路。

《圣维克多山》（图67）是一幅风景画作品。画中的山是圆锥形的，树是圆柱形的，房屋为立方形的，景物的立体感表现得十分充分。这幅画已经不再是早期简单的立体锥形或形状的透视，也看不出创作时的不安情绪，画家用笔有力，把山体描绘得高大巍峨，显示出十足的自信心。这幅作品结构比较复杂，近景朦胧，给人一种近在咫尺的感觉，拉近了山岩与观众的距离。山崖看起来地势险峻，就像地下暗含着强大的能量与爆发力一般。尽管意境

【图68】 ［法］塞尚《苹果》

是神秘宁静的，但总给人一种想要挣脱束缚的感觉。

塞尚的作品有其独特的艺术风格，一些作品很好理解，还有一些就不是那么简单了，例如《苹果与橘子》。这幅画中描绘的静物看起来十分拙劣，水果篮厚重，向右倾斜摆放着。酒瓶又黑又厚，向左与水果篮斜靠在一起。桌子左右倾斜，似乎不在一个水平面上，使整个画面都有一种倾斜感。餐巾看起来棱角分明，没有柔软的质地，就像锡箔纸一样。这些像色彩的堆凑，被人笑称为"胡乱涂抹"的作品。

其实，这就是塞尚的独特风格，他摒弃一切传统画法，以全新的姿态展开创作。苹果鲜艳的色彩和圆滑饱满的形状正是其追求的特殊主题，也是其解决色彩与造型关系的方式。水果篮向左倾斜可以填补画面的空白，这对一个对平衡感感兴趣的人来说更有特殊的含义。为展示桌上物体相互关联的状态，画家故意让桌子呈倾斜状。如果说物体在轮廓上有些"失真"，也是画家为了达到理想的效果而采用的一些手段。这种"失真"往往是局部的，不但没有影响美观，反而显示出画家对现实事物的深入观察力。

塞尚认为画苹果最能体现他的艺术追求，一生画苹果无数，有的是简单的几个苹果摆在桌上，有的配上花瓶和摆设，还有的是大量的苹果摆在一起……可以说，塞尚只用一个苹果就改变了现代绘画的发展进程。2013年，他的《苹果》（图68）以4160万美元成交——每一个苹果均价700万美元，堪称史上最贵的苹果！

后 印 象 派

后印象派，指的是印象派以后出现的绘画流派。他们认为印象派只关注描绘客观世界，机械地分析物体表面的光与色。在他们看来，绘画无须与客观事物完全一致，而应该忠实于人的主观感受和体验，应该着力于表现自我，追求形式上的美。从后印象派开始，形式主义在绘画领域大行其道，逐渐成为主流。

【图69】 ［法］高更《神圣之山》

我们从何处来？我们是谁？我们向何处去？

保罗·高更，法国后印象派的代表画家之一，也是有名的雕塑家、陶艺家及版画家。高更于1848年生于巴黎，早期为法国海军服务，23岁当上股票经纪人，收入不菲。家庭与事业双丰收的他，始终没有忘记自己的兴趣爱好，于是在35岁时辞去工作职务，一心钻研起绘画来。

由于母亲是南美洲土著，童年时代的高更就与异国艺术结下了不解之缘。他被民间原始艺术深深吸引，加之厌倦都市文明、想找个清静的地方逃避现实，因此抛弃了现代生活，不顾一切地来到南太平洋的塔希提岛（图69）。在那里，他的生活非常简单，还娶了当地人为妻。岛上妇女们的神奇服饰、各种各样的野生植物，都给高更留下了深刻的印象，令他深深感慨于人类与动植物的和谐共存。

高更早期的印象派手法此时发生很大转变，变为通过明亮轻快的色块表现协调统一的画面。他常通过高度的视角观察对象，使树木、房屋、土地不用相互交错就组成了一曲优美动听的"图画乐章"。高更采用平涂的用色方法，将自己的画法与印象派画法区分开来。他将黄、红、紫、绿等色块相互搭配，画面洁净而明快，即使没画太阳，也能产生一种阳光照射的感觉。

后来，高更因病回到法国，他对塔希提岛仍念念不忘，于1895年再次回到这里。由于殖民地政府腐败，高更朝思暮想的乐土早已不复存在，他只好移居到马贵斯岛。当时他遭受多重打击，一来画风不被理解，二来女儿突然

　　去世，高更深感孤独，精神疲惫不堪，甚至产生了自杀的想法。他对人生有
了更深的感悟，创作出重要的作品《我们从何处来？我们是谁？我们向何处
去？》(图 70)。

　　这幅作品集合了高更作画的多种特点。画中毛利人半裸着身体，肤色金
黄，姿态淳朴自然。为了达到神秘的思想境界，他为作品起了一个独特的标
题，深刻突出了其主题。

　　画面右边是一个刚刚出生的婴儿，中间是一个全身舒展的青年人，在采

【图70】　〔法〕高更《我们从何处来？我们是谁？我们向何处去？》

摘着果实，左边是一位历经沧桑的老人，生命之路似乎马上就要到达尽头。右边主题为"我们从何处来？"，两个年轻的姑娘正在深思。有的人在劳动，有的人在吃饭，还有的人在忙碌着什么，他们都以不同的方式生活着，存在着，但都不知道生命的意义所在，于是引申出"我们是谁？"。远处有一尊举着双手的佛像，向人们宣讲来世今生——整幅画就是对人生的诠释。

　　高更用长达14米的巨大画幅把人们带到生命时空中，让人亲眼见证从生命降临到生命逝去的过程。高更在这幅画中寄予了复杂的情感，童年的回忆以及对未来的期望都融入其中，他认为这部作品跟以往相比有一种精神上的超越——"这些具有象征意义的形式会把这幅画固定在阴郁的真实之中。"

《月亮与六便士》

20世纪最会讲故事的作家之一毛姆的《月亮与六便士》便是以高更的人生经历为原型创作的。

故事的主人公叫查尔斯，是个证券经纪人，每天过着银行—家两点一线的生活，日子很平淡，他的内心一直隐藏着画画的梦想。有一天，他突然被内心的声音召唤，舍弃了一切，去巴黎学画，结果弄得狼狈不堪，随后他去了南太平洋的塔希提岛。在那里，他与当地的一位姑娘结婚生子，异国的风情、幸福的生活激发了他的创作灵感，使他画出了一系列杰作。可就在这时，他得了麻风病，双目失明，但他没有放弃，而是用尽全部力量在木屋的墙壁上画下了一幅惊人巨作，随后死去……

"满地都是六便士，他却抬头看见了月亮。"这是《月亮与六便士》中的名言。要月亮，还是六便士？每个人都面临这样的选择。

伟大的"笨"画家

凡·高，后印象派代表画家，20世纪绘画艺术的先驱人物，为野兽派与表现主义画派的发展带来深远的影响。凡·高具有独特的想象力和创造力，却因精神疾病的困扰，用自杀早早结束了年轻而宝贵的生命。他在短短的37年中创作了很多特色鲜明的作品，却无人问津，他一生只卖出了一幅画。直到死后，这些作品才大放光彩，跻身昂贵的艺术品行列。

凡·高出生于荷兰一个乡村的牧师家庭，他的童年基本都在农村度过。青年时期的他在画店和商行任职，做过传教士，还在比利时当过矿工。凡·高对穷人怀有一颗同情心，看到穷人挨饿受冻，他会与他们分享剩余不多的食物或衣服；如果有谁生病，他也会亲自照看。他还在一次矿难中舍身救出几名矿工。他是美术史上最有同情心的画家之一，因此作品也常以农民、工人、保姆等穷人为主题。这些画初看显得很简单，但细看却非常传神，有"大巧若拙"的趣味。

《吃土豆的人》（图71）是凡·高早期记录社会下层人民生活的作品。他画农民，就是因为自己与这些贫穷的劳动者产生了思想和情感上的共鸣。他早期的作品还有《纺织工》《耕地的农妇》等，都属于沉闷阴郁的画风。

1886年，凡·高来到巴黎。他在那里结识了很多印象派与新印象派的画家，如修拉、毕沙罗、高更等，日本浮世绘的作品也深深影响了他，他的视野变得更加广阔，画风也呈现出巨大的转变。早期作品中的昏暗阴沉早已被

【图71】 〔荷〕凡·高《吃土豆的人》

明亮鲜艳的色彩代替。在他的画中，线条更为坚实硬朗，笔触激情跳跃，表现出的情感也更加丰富，画面不但富有同情心，还为人带来思考与希望。

从此，凡·高开始爱上描绘阳光下的景物，特别是麦田、向日葵、树木等，于是他来到法国南部的阿尔定居。在那里，他画了大量色彩鲜艳的作品，令人感受到一种强大的视觉冲击力，如《向日葵》《乌鸦群飞的麦田》（图72）等。

向日葵是凡·高最钟爱的题材，因为在传说中，向日葵是太阳神的恋人，深深热爱与向往着太阳。凡·高用细致的观察力与独有的创造力绘制出《向日葵》，用笔厚重，使向日葵看起来有立体感。黄色花瓣耀眼，红色花蕊炽热，它们散发出的强烈光芒充斥着整个画面，就像一团熊熊燃烧的烈火，让人看后有一种心灵上的震撼，久久不能平静。

《乌鸦群飞的麦田》仍沿用了画家热爱的金黄色，单看这一片麦田色彩炽烈，激动人心，但配上乌云密布、阴郁昏暗的天空，就有些让人透不过气来。这片天空与麦田紧紧相接，就像把它压住一般。一群乌鸦四处狂乱飞舞，也被这沉闷的气氛弄得惶恐不安。麦田里伸展出一条绿色的小路，这条小路一直通向远方，最后消失在天边，带给人一种不祥的预兆，增加了不安的情绪。

这幅作品也许是凡·高当时心情的最好体现，就像一封遗书一样，把他内心的压抑与不安全部抒发出来。就在画完这幅作品的第二天，他来到这片麦田开枪自杀，结束了自己颠沛奔波的一生。

尽管凡·高的生命结束了，但是他留下的艺术作品一直深深影响着后世。很多画家开始关注他的绘画，并模仿他的画法。这些画家为了表现出凡·高那样的强烈情感，甚至不再真实地反映现实，这就是后来的表现主义画派。

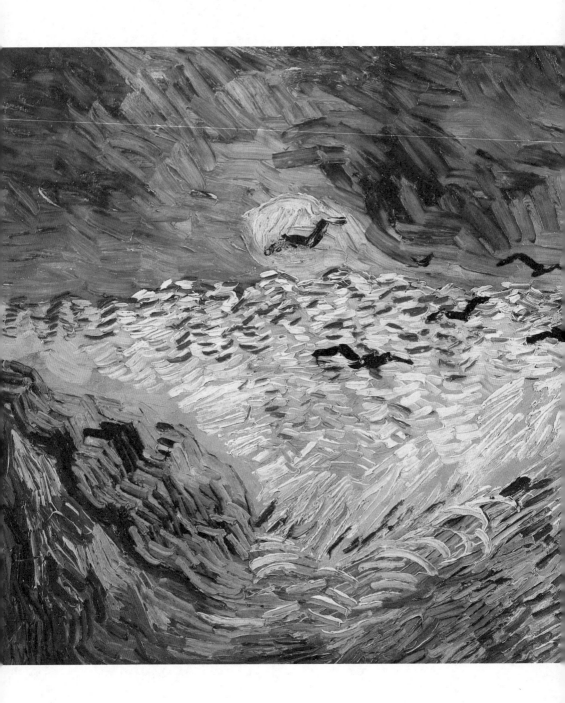

【图72】　［荷］凡·高《乌鸦群飞的麦田》

【图73】 ［荷］凡·高《唐吉老爹》

日本浮世绘

　　浮世绘，是展现浮华世界中各类市井人物的生活环境及场景的世俗画，它产生于日本江户时代，是最能体现日本民族特色的艺术表现形式之一。"浮世"本是佛教用语，指人生虚无缥缈，但日本的浮世绘主要描绘世间风景，歌伎、相扑、武士、花鸟、风景圣地等都能入画，反映的是市民阶层的审美。浮世绘以彩色木版画为主，也有手绘浮世绘。

　　19世纪末，在欧洲刮起了浮世绘风潮，让无数欧洲人为之疯狂。而凡·高也在收集浮世绘的过程中，产生了新的创作灵感，开始用"日本视角"重新打量世界，创作出了一系列有浮世绘风格的画作，如《唐吉老爹》（图73）、《两只螃蟹》等。

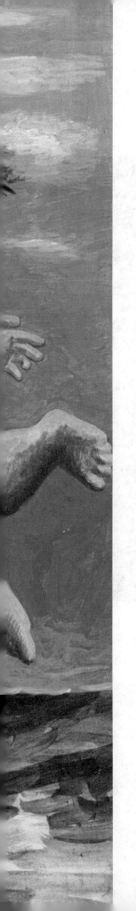

第七章

现代绘画：从头到脚都是新的

（20世纪）

　　进入20世纪，科技鼎盛、人文蔚起，现代绘画经印象派开路之后，呈现"井喷之势"，野兽主义、立体主义、表现主义、达达主义等艺术流派，你方唱罢我登场，开启了一场轰轰烈烈的"视觉革命"。

【图74】 ［法］马蒂斯《舞蹈》

"野兽之王"马蒂斯

野兽主义是 1898 至 1908 年间兴起于法国的现代绘画流派。这个画派虽然没有理论纲领，但是许多画家积极融入流派，并聚集在一起，参与大量的艺术活动，因此在当时的社会盛极一时。

野兽主义之所以有这样的名字，是因为 1905 年巴黎举办秋季沙龙展览，以马蒂斯为首的一群年轻艺术家们在展厅的同一层展出作品，这些作品色彩鲜艳，笔法粗放，就像"一罐颜料掼在公众的面前"，立刻引起了人们的震惊，这时，杂志记者兼批评家路易·沃塞尔突然在这些作品中发现了画家马尔凯做的小型铜像多纳泰罗，立刻高呼："多纳泰罗被关在了野兽笼中！"野兽主义也由此而得名。

野兽主义强调主观的艺术表现力，不受任何束缚，意在追求强烈的艺术效果。传统的远近层次与明暗对比法已经不再成为他们追求的东西，脱离自然的模仿以及平面化构图才是他们要突出的重点。他们的创作手法不同于西方古典绘画，而是具有东方艺术和非洲艺术的表现特征。野兽主义创作手法简练，描绘的物象既无固定造型，也无明暗差异，通过纯净的颜色就能营造出光线作用下的空间效果。

野兽主义的代表画家有：马蒂斯、鲁奥、马尔凯、弗拉芒克、杜菲等，其中，马蒂斯作为野兽派的创始人，其作品最能突显野兽主义的特色。

马蒂斯出生于皮卡第的小镇勒卡多，父亲是商人，他希望马蒂斯长大后做律师。于是马蒂斯中学毕业后进入巴黎的一所律师学校。一次，他生病住院，母亲为了让他消磨无聊的住院时光，为他带去了画笔和颜料，从此，马蒂斯对绘画产生了浓厚的兴趣，并决定放弃律师行业而到巴黎学习绘画。他先来到朱利安学院，跟随古典派画家布格罗学习，后来来到象征派画家莫罗门下。

马蒂斯对莫罗的教导终生难忘，他记得莫罗说过："在艺术上，你的方法越简单，你的感觉越明显"。正是这句话，对马蒂斯产生了很大影响，马蒂斯的绘画风格开始发生转变。他用简单的线条和鲜明的色彩，就能塑造出一切他想到的东西。马蒂斯认为艺术有两种表现形式：一个是真实的临摹，另一种是艺术的表现，他强调后者更重要。马蒂斯始终追求色彩的单纯和原始的气息。他的作品多用平面表现方式，极富装饰韵味。从野兽派创立时期的无拘无束的手法和强烈的表现力，上升到一种宁静平和的美感，就像他说自己的作品："像一种抚慰、一种稳定剂，或者像一把合适的安乐椅，可以消除疲劳。"

他的代表作品有《国王的悲伤》《舞蹈》《懒散的后宫佳丽》《戴帽子的妇人》《生活的欢乐》《奢华、宁静与愉悦》《开着的窗户》等。

《舞蹈》（图74）完成于1910年，是马蒂斯早期的作品，现收藏于圣彼得堡艾尔米塔什博物馆。画中用了三种颜色，红色代表人体，绿色代表大地，蓝色代表天空。舞者们随着古老而原始的节奏，手拉着手，疯狂地舞动着。整个画面色彩平衡，分布均匀。人物线条流畅，富有强烈的韵律和动感。马蒂斯的画用线简练，这些线条就像各自独立着，但又能构成一个有机的整体。这幅画通过人体的舞动，向人们传递着人生的愉悦与欢乐。

"玩转 3D" 的毕加索

　　立体主义创始于法国，是西方现代艺术史上的一个前卫的艺术流派。它的创始人是乔治·布拉克与巴勃罗·毕加索。立体主义的名称来源与野兽主义一样具有偶然性。1908 年，乔治·布拉克在卡恩韦勒画廊展出作品《埃斯塔克的房子》，评论家路易·活塞列斯在《吉尔·布拉斯》杂志上说："布拉克先生将每件事物还原了……成为立方体。"由此，立体主义诞生了。

　　立体主义善于破坏和分解物象，然后用几何形式加以排列组合，形成破碎分离的画面。有时，他们会把几种物体的不同方面组合在一个画面上，拒绝传统上的从一个视点观察事物、把三维空间归纳成二维空间的画面，而是用多种切面，营造出四维空间的效果。这种创作方法主要依靠理性认识与思维意识，绝不是视觉经验和感性认知可以达到的。立体主义的出现主要受到现代科学和机械学的影响，非洲的面具造型也启发了立体主义画家的创作灵感，虽然它存在的时间不算太长，但也对西方绘画的发展带来一定影响。

　　毕加索是立体主义的创始人之一，是西方最有创造性的艺术家之一。毕加索 1881 年生于西班牙南部港口城市马拉加，后来到法国进行创作。他青年时期受到各种艺术思潮的影响，有批判现实主义、自然主义、印象主义、唯美主义等，这些思潮对他的创作产生了深刻的影响。

　　毕加索 19 岁来到巴黎，生活在社会的底层。他起初用阴冷的蓝色调画贫苦大众，如病人、残疾人、老人，后来又用温暖的粉红色调描绘流浪艺人、

【图 75】 ［西班牙］毕加索《亚威农少女》

演员、小丑等，画风倾向于印象派画家德加，两个创作时期分别被称为"蓝色时期"和"粉红色时期"。

1907 年，毕加索对塞尚的画风产生了浓厚的兴趣，他尝试把物象分解成各个平面，并用几何结构把它们重新组合，《亚威农少女》（图 75）是其第一部被认为有立体主义倾向的作品。

《亚威农少女》以蓝色调为背景，让人想起美丽的田园风光。右边坐着的女人面部被分解成许多棱角，让人看后有种不适的感觉，其余四人的身体也呈"变异"的立体形状。自此，自文艺复兴时期以来长期霸占绘画领域的各种条条框框——协调、透视、古典、模仿——统统消失不见了，立体主义的时代开始了。在这之后，毕加索还创作了《弹曼陀铃的少女》《卡恩韦勒像》，这些作品都显示出画家更加成熟的立体主义画法。

从 1915 年开始，毕加索的画风逐渐转变，从综合性立体画法，过渡到新古典主义画法，作品气势宏伟，造型严谨。1937 年，德国空军轰炸西班牙小城格尔尼卡，上千名无辜的女性被杀害，小城变为一片废墟。毕加索是一位有强烈爱国情怀的画家，对德国纳粹党的残暴行为表示强烈的愤恨。受西班牙政府委托，他为在巴黎举行的国际博览会创作了大型油画《格尔尼卡》（图 76）。

这部作品表现出德国军队轰炸时，居民惶恐不安、四处奔跑避难的情形。右边一名妇女高举双臂，仰天哀号，做着无力的挣扎。地面上妇女拼命地奔跑，还有一位妇女抱着死去的婴儿伤心欲绝。画面上还有代表黑暗势力的牛和代表人民的马，一个斗牛士倒在地上，四肢都已残缺不全。各种人物呐喊、狂奔，有的惧怕，有的绝望，有的悲痛，因战争而充满悲凉气氛的场面就这样淋漓尽致地被呈现在观众面前。画家仍沿用几何形状的排列组合，采用黑白灰三种暗色调，形象地表现了德国的暴行。

【图76】　［西班牙］毕加索《格尔尼卡》

【图 77】 毕加索为世界和平大会画的《和平鸽》

毕加索与和平鸽

　　第二次世界大战时，毕加索所在的巴黎被德国法西斯占领了。
有一天，毕加索的邻居拿着一只鲜血淋漓的鸽子找到他，希望他画
一幅鸽子的画，以纪念自己被法西斯杀害的孙子。毕加索听完，二
话不说就画了一只飞翔的鸽子。后来，毕加索又为世界和平大会画
了一只衔着橄榄枝的和平鸽（图 77）。从此，鸽子被公认为是和平
的象征。

无声的《呐喊》

表现主义是 20 世纪初至 30 年代盛行于欧美一些国家的文学艺术流派，最早流行于德国和奥地利，后来蔓延至整个欧洲。表现主义先出现在美术界，后来在音乐、文学、戏剧、电影等领域相继得到重大发展。1901 年，在法国巴黎举办的马蒂斯画展上，茹利安·奥古斯特·埃尔维为表现自己的作品与印象主义的区别，首次使用"表现主义"一词。

表现主义艺术家们的审美与艺术追求与法国的野兽主义有相似之处，他们反对对客观事物的模仿，认为形式与语言的表现力最为重要，并注重内心美与精神美的传达。表现主义是从后印象主义演变而来的，但他们完全背离了后印象主义以现实为依据的画风，把重点放在追求个性、情感与主观思想上，带有浓郁的德意志传统特色。在造型上，表现主义追求夸张变形与荒诞的艺术效果，表现对社会不平的不满。

表现主义的代表画家有爱德华·蒙克、埃米尔·诺尔德、詹姆斯·恩索尔和克里姆特等，其中爱德华·蒙克对德国表现主义产生了重要的影响。

爱德华·蒙克，1863 年出生，挪威人，是挪威著名的版画家和油画家，表现主义艺术的先驱人物。蒙克小时候屡遭不幸。他在幼年就失去母亲，后来姐姐也因肺病去世，妹妹还患上精神疾病，这些对蒙克的心灵造成很大影响。

蒙克先在奥斯陆皇家艺术和设计学院学习，后到法国留学。他的画风多

【图78】 ［挪威］蒙克《呐喊》

受印象主义的影响。他在研究印象主义风格的基础上，逐渐对后印象主义产生兴趣，并用表现力强的线条和强烈的色彩画出人们死亡、相爱、疾病、困惑等各种状态。

　　童年时代的不幸遭遇为他带来的影响，在作品中深深地体现出来。蒙克早期创作的油画《逝去的母亲》《在灵床旁》《病室里的死亡》充满对童年生活的回忆，后来还创作出一系列线条扭曲，色彩神秘，充满忧郁、恐怖气氛的作品，如《吸血鬼》、《绝望》、《焦虑》、《呐喊》（图78）等。

　　《呐喊》是蒙克《生命》组画作品中表现力最强的一幅。某一天，蒙克拖着饱受病苦、劳累不堪的身体行走在一条小路上，路的一边是城市，另一边是峡湾，他驻足朝峡湾望去，看到太阳即将落下，云彩被霞光染得像血一样红，同时一声刺耳的尖叫穿过云层，回荡在他的耳旁。蒙克记录下了这生命中的尖叫，并起名为《呐喊》。

　　画中充满了动荡与不安的因素。红色的天空与深蓝色的河水线条扭曲，棕色的桥面消失在远方。桥上站了一个人，像一个飘荡人间的幽灵，让人看了毛骨悚然。他的头部近似骷髅，脸颊凹陷，睁着圆圆的眼，张着嘴大声吼叫；但他用双手捂住耳朵，又像是被突如其来的巨大声音惊吓到。看到这些，人们无法不把这幅画与死亡联系在一起。

　　蒙克用色基本遵循自然界的真实色彩，尽管有些浓重，也是为了增强表现力。这些色彩是凝重忧郁的，充满不祥预感。深紫色的重复使用，血红色的天空，以及有死亡象征意义的黑色，都使画面显得阴暗，表现了画家的焦虑与恐惧。这部作品在美术价值上可与达·芬奇的《蒙娜丽莎》媲美。

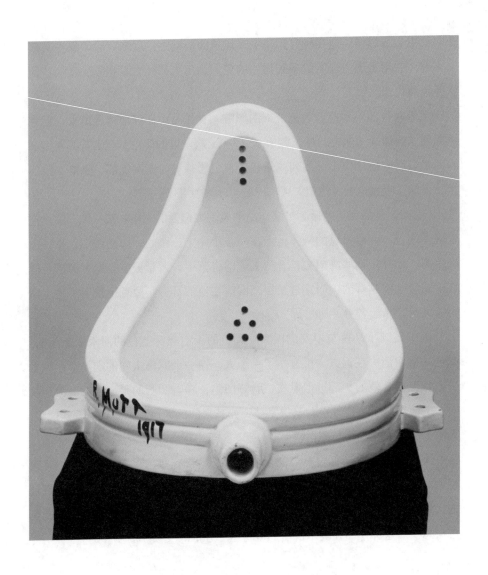

【图79】 ［法］杜尚《泉》

虚无的"达达"

达达主义是 20 世纪初期在欧洲兴起的一种现代主义文艺流派。它最早出现在瑞典、法国和德国，后来发展到欧洲很多国家。达达主义由一群年轻的艺术家和反战的领导阶层人士组成，他们反对其他流派对美学和艺术语言的追求，而是用玩世不恭的态度表达了资产阶级价值观和对第一次世界大战的绝望。

关于达达主义的由来，有人说"达达"实际上是一个没有意义的词，也有人说"达达"来自罗马尼亚艺术家查拉和詹可的口头语"dada"，意思为"是的，是的"。而流传最广的说法则是一群艺术家聚集在苏黎世，他们准备为组织起个名字，于是随便翻开词典的一页，选了"dada"一词，随后"达达主义"就流行开来。倡导者查拉是这样为达达主义下定义的，他说："这是忍耐不住的痛苦的号叫，这是各种束缚、矛盾、荒诞的东西和不合逻辑的事物的交织，这就是生命。"

达达主义是无政府主义、虚无主义在艺术上的体现。他们以破坏一切为准则。他们对征战厌倦，看不到现实社会的希望，反对并嘲笑社会，否定与破坏一切文明传统，就是要无拘无束、漫无目的地生活。

马塞尔·杜尚是达达主义的核心人物，也是创始人之一。他于 1887 年出生于法国，后加入美国国籍。他早期对立体主义和未来主义很感兴趣，作品有立体主义加未来主义的倾向。后来他用手指直接涂抹，还把生活用具，如铲子、梳子、线球、轮胎等随意组合进行描绘，产生了意想不到的效果，令人惊讶。

在历史上，杜尚是颇受争议的人物，有人说他的艺术是用严谨认真的态度创作的，是现代艺术的"守护神"，但也有人说他的艺术把美扼杀在摇篮中，是对高雅艺术的讽刺。1917 年，杜尚在作品中描绘了一个男佣从商店买来的小便池，并起名为《泉》(图 79)。他把这幅作品以匿名的方式送到美国独立艺术家展览会参展，实际是对其他艺术大师的讽刺与嘲笑。

他的《巧克力研磨机 1 号》是对工业社会和机械化的嘲笑。《走下楼梯的裸女》将一个正在下楼的女人的肢体动作分解开来，就像照相机连拍记录下的一系列瞬间动作，也像连环画。它打破了传统的绘画方式，将立体主义与运动相结合，创作出从楼上走到楼下的裸体女人。杜尚本想用这幅画参加立体主义的"独立画展"，却被主办方拒绝，原因是超过立体主义的范畴，有损立体主义的纯洁。而这幅画却在美国军械库画展上被美国人接受，并引起轰动。

后来，在达达主义的基础上，又产生了超现实主义，超现实主义吸收达达主义的创作性，抛弃了其虚无的理念，这种思潮影响了文学艺术等多个领域。

一切都乱套了

　　超现实主义源于达达主义，它抛弃了符合逻辑的现实观念，把本能、意识、梦境与现实观念融合在一起，营造出一种超现实意境。这种思想来自弗洛伊德。超现实主义不受观念约束，脱离现实，还原原始，远离理性，是一种无意识或下意识的创作活动。

　　超现实主义的艺术家们绘画手法自由灵活，写实、象征和抽象的表现方法是他们最常用的。这个思潮的活动中心在巴黎，1924 年，由作家布雷东起草的《超现实主义者宣言》第一次发表，次年，第一届超现实主义美术展览在巴黎举办，许多画家参加了这次展览。超现实主义作为一个文艺流派在历史上存在的时间并不算长，但作为一种美学观点，为艺术界带来的影响是巨大的。

　　萨尔瓦多·达利是最著名的超现实主义画家之一。

　　萨尔瓦多·达利是西班牙人，是继毕加索、米罗之后，西班牙出现的第三位世界级现代艺术大师。达利 23 岁来到法国巴黎，很快就加入超现实主义运动中。他的个性自大而玩世不恭，总会产生把一种事物偏执地看成另外一种事物的幻觉。他会把女人头想象成鸡蛋、水罐、女性的肢体、男性的手臂……这些奇奇怪怪的幻觉，令他的作品变成分解、变形、颠倒与错位的组合。

　　达利对精神分析家弗洛伊德无比崇拜，他认为自己创作的《悲伤的游戏》是对弗洛伊德精神分析著作《梦的解析》的最直观、最形象的演绎。1939

年，达利有幸在伦敦拜访弗洛伊德，但不幸的是，这幅画并没有得到大师的认可，大师告诉他："你的画不是潜意识而是有意识的，你的神秘感是泄露直白的，相反，达·芬奇、安格尔的画才符合潜意识的理想。"也就是说，达利是在有意识地进行"无意识创作"，把深层次的东西过于直白地描绘出来，就像《永恒的记忆》那样。

《永恒的记忆》创作于1931年。在一片空旷悠远的海岸上，躺着一个外形似马的怪物，左下角是一个木箱似的东西，上边有一株干枯的树枝，这三个物体上都放着一块钟表。这些钟表简直太神奇了，它不像金属般直立在那里，而是软绵绵的，像一个个柔软的面饼，能改变外观状态，给人无限遐想的空间。或许人们会认为这些时钟像人一样，历经时间的磨难早已变得疲惫不堪，只想找个最舒适的姿势休息一下。整个画面是幻想与梦境的最好结合，充满孤寂清冷的格调。

总之，超现实主义画家并不抗拒描绘客观世界，他们的作品反映的是变形和异常的现实世界，这些荒诞的、偏执的意识甚至达到病态的程度。但这些超强的想象力与幻想力，还是为美学表现领域的拓展做出了一定的贡献。

波普呀，波普

　　波普来源于英语 popular 一词，是"时髦、流行的"的意思，这里指流行艺术。波普艺术兴起于 20 世纪 50 年代，最早在英国开始，后来在美国达到鼎盛。它是一种国际性的艺术运动，特点是价格低廉，生产量大，周期短，为大众服务，性感，浮华，有魅力。

　　波普艺术肯定现代文明，以大众日常所见所接触的生活环境或大众熟悉的影像为表现题材。它能具体地表现事物，与抽象表现主义相反，家用电器、小汽车、商业广告、高速公路、各种提包等都成为创作对象，如奥登伯格把日常生活用品、插头、巧克力等"翻制"后，就成为一个大型的立体作品；安迪·沃霍尔将杂志或海报上的人物放大，然后直接印在画布上；利希登斯则把漫画里的形象放大，用网点或条纹表现出来，与印刷效果类似。

　　在波普艺术中最有影响力的人物之一是安迪·沃霍尔，他是该运动的发起人和倡导者。他尝试完全抛弃创作中手工操作的复杂程序，而是直接用大众传媒上的图像在画布上重复排列，这些图像有美元钞票、可口可乐瓶、罐头、玛丽莲·梦露的头像等，其中《玛丽莲·梦露》是颇具代表性的一幅。

　　沃霍尔的作品全是复制来的，他似乎并不在乎原创，这也是他最有特色的地方。他的作品无从解释，只能引起人们的无限遐想。

　　伟恩·第伯出生在美国亚利桑那州梅莎市，从沙加缅度州立学院毕业后留在该校任教，九年之后到加州州立大学戴维斯分校艺术系担任教授，后来成为一名职业画家。第伯用粗糙的轮廓线描绘具体的物品——这是一种强烈的"波普艺术风"。他常用大众文化作为主题，快餐店、食品等是他描绘的对象，如《派、派、派》和《蛋糕》。90年代初，他开始对动画人物如唐老鸭、米老鼠等感兴趣。他用高度写实的画面体现出平凡物品的美，如《平地小河》《日落大街》等。

劳森伯格生于美国得克萨斯州，先后就读于美国堪萨斯城艺术学院、巴黎朱利安学院、美国的黑山学院。他的绘画是各种艺术思潮的结合，包括具象绘画、照片画面、抽象表现主义，被称为"综合绘画"。"综合绘画"后来引发"艺术就是实物现成品"的观念，从而形成波普艺术。

1955年，劳森伯格创作的《床》具有典型的抽象表现主义特色，他将颜料泼洒在床单上，再将床单挂到墙上，让颜料随意流动，这是波洛克擅长的方式。后来劳森伯格创作了《妓女》，真正地代表了波普艺术。画面由废弃物拼凑组合在一起，用破木箱代表人体的躯干，上边贴着安格尔和马蒂斯画的裸体宫女，木箱上还有鸡的标本，具有深层次的含义。

波普艺术通过大量复制，打破了艺术品只能"阳春白雪"的传统，将昂贵的艺术品变成大众能消费得起的"符号"，从此，艺术彻底商业化了。